聚烯烃产品应用
技术问答

谢 令 李士明 主编

茅振岗 申书逢 周华军 闫海超 副主编

中国石化出版社
HTTP://WWW.SINOPEC-PRESS.COM

内　容　提　要

本书主要涵盖聚乙烯和聚丙烯加工应用技术，全书共五章54个案例，包括聚乙烯薄膜、聚乙烯中空、聚丙烯纺丝、聚烯烃注塑和聚烯烃产品主要性能参数的说明等。对每一个应用中存在的问题进行了原因分析和处理办法的说明，充分考虑塑料制品加工端的需要，旨在提高塑料制品质量和降低塑料加工成本。

本书可供聚乙烯和聚丙烯制品工程技术人员、操作人员、研发人员和管理人员使用，也可供聚烯烃原料、助剂和制品经营人员参考使用，还可以作为学校相关专业师生的参考资料。

图书在版编目（CIP）数据

聚烯烃产品应用技术问答 / 谢令，李士明主编. ——
北京：中国石化出版社，2021.11
ISBN 978-7-5114-5865-0

Ⅰ. ①聚… Ⅱ. ①谢… ②李… Ⅲ. ①聚烯烃 – 化工
产品 – 技术 – 问题解答 Ⅳ. ①TQ325.1-44

中国版本图书馆 CIP 数据核字（2021）第 239668 号

中国石化出版社出版发行
地址：北京市东城区安定门外大街58号
邮编：100011　电话：（010）57512500
发行部电话：（010）57512575
http://www.sinopec-press.com
E-mail：press@sinopec.com
北京富泰印刷有限责任公司印刷
全国各地新华书店经销

*

850×1168毫米　32开本　4印张　72千字
2021年12月第1版　　2021年12月第1次印刷
定价：36.00元

"好风凭借力，送我上青云。"一件满足客户端需求的制品的生产，依赖的不仅仅是有品质保证的原料，更需能够克服生产加工中诸多疑难的解决方案！服务升级是上海赛科差异化营销策略的重要组成部分，而创新推出《聚烯烃产品应用技术问答》更是服务差异化的实施与落地，旨在为客户提供兼具理论基础和实践经验的应用指引，从而最大化聚烯烃产品的使用价值。

历史是一笔财富，1500万吨聚烯烃产品销售、加工、使用和服务的积淀，夯实的是赛科人的信心，激发的更是赛科人的决心。本技术问答由从事数十年聚烯烃加工及相关行业的资深技术和研究人员编写，结合了上海赛科十余年累计过万例的聚烯烃技术服务案例。

技术问答囊括了上海赛科聚烯烃产品所有的主要

应用领域，涉及了聚烯烃加工、应用等不同阶段的诸多疑难问题，并充分考虑客户端成本需求，提供了相对应的解决方案。

技术问答既有基础科学的支撑，又有加工应用的实操，凝结的是赛科和千万家合作伙伴的智慧，它属于整个行业！

亲爱的各位合作伙伴，当你拿到这本技术问答，在寻章摘句中获取科技的养分、享用技术的大餐时，赛科的技术服务工程师们又开始了向更多的技术难题挑战。

"轻霜冻死单根草，狂风难毁万木林。"技术问答的诞生不是源于赛科，而是源于我们，正是我们众志成城地齐心奋楫，才成就了一片万木之林。

上海赛科石油化工有限责任公司
商务部总经理　瞿若梅

　　制作出美丽、安全、低成本的聚烯烃优良制品是我们一直以来的追求。

　　聚烯烃加工是个庞大的行业，8000多万吨的市场表观需求、几万个加工企业、几万亿的终端制品，我们希望这些制品是满足我们对美好生活的追求的，加工企业是顺利生产的，是低碳绿色的。

　　我们是聚烯烃原料制造企业的工程师，我们从事聚烯烃产品的客户应用技术服务工作，我们关注聚烯烃原料性能、质量、制品加工技术等环节。在工作中我们发现，上下游生产技术人员对原料的认识、加工的理解，互相多有盲点。数十年聚烯烃加工及相关行业的浸润、15年技术服务的积累，结合上海赛科商务运行十余年累计过万例的聚烯烃技术服务案例，我们总结出一些加工问题的说明、处理办法，经过两年时间的总结编撰，汇成《聚烯烃产品应用技术问答》一书，以期填补行业的空白。我们志愿为客户提供更多精准到位的服务，为聚烯烃行业的美好明天加油！

"微妙在智，触类而长；功不唐捐，玉汝于成。"每个应用问题的解决方案供你参考，帮助你发挥出原料最好的使用价值，做出更漂亮的制品。因为我们经验和知识的有限，遗漏和纰漏在所难免，希望读者批评指正。

感谢我们公司实验室、生产相关人员的协助，也感谢对本书精雕细琢的各位专家和同行朋友们，是我们一起共同努力才使得本书能够顺利出版。

编者

目　录

一　聚乙烯吹膜

二 聚乙烯中空

三 聚丙烯无纺布

四　聚丙烯注塑

五　通用性能

聚乙烯吹膜

01 PE薄膜生产中静电严重怎么办？（图1-1）

图1-1　PE薄膜生产中静电问题

现象：所有物质均由质子、中子、电子组成，尤其是塑料薄膜在高速生产和后期加工时会发生大量的摩擦、剥离、挤压，使物体表面积聚不同电性的静电荷，且不断积累。

影响：后期薄膜分切制袋效率低、多层复合困难、印刷效果差及因袋子的黏附而影响自动灌装等。严重的会有电击、放电、吸附、起火等潜在危害。

静电产生的原因：

1）原料及配方：助剂类型或加入量不当；

2）环境的影响：车间里太干燥；

3）工艺影响：牵引速度太快；

4）设备方面：导电、接地不良。

解决方案：

1）原料及配方：添加抗静电剂，搅拌要均匀；

2）环境：改善车间环境，不宜太干燥，可适当在地面喷水（湿度 > 40%）；

3）工艺：适当降低收卷速度；

4）设备：

①设备上绑铜丝、铁丝接地（传统做法）；

②选择合适的位置安装离子风棒，这是目前的主流（图1-2）。

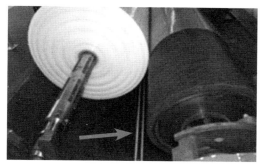

图1-2　安装离子风棒

02 PE薄膜产生晶点后怎么改善?（图1-3）

现象：晶点又称为"鱼眼"，一般来说，薄膜表面凸出的颗粒状缺陷统称为晶点。外观上呈现透明凝胶点、白点、略带黄色等。晶点是薄膜加工过程中最大的难点之一，如何有效消除、降低和控制晶点问题是对薄膜工厂最大的考验。

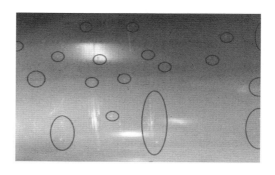

图1-3 PE薄膜晶点

影响： 晶点造成薄膜外观瑕疵；包装袋灌装后容易破口而导致内容物泄漏；影响后期印刷和复合，导致产品品质和使用体验下降。

PE薄膜晶点产生的原因：

1）原料及配方本身：

①聚合工艺波动导致过度聚合；

②乙烯及其他单体纯度低、催化剂活性低；

③有效抗氧剂含量低；

④制膜厂原料配方设计不当；

⑤原料粒子大小差异大。

2）异物引入：

①杂质、纤维等；

②高熔点原料（PA、PP等）。

3）交联/氧化：

①加工温度太高；

②设备设计问题（连接器过多弯折、模头流道转弯生硬、螺棱设计等）。

解决方案：

1）原料及配方：

①多层共挤膜原料配方优化，不同原料的相容性要好，熔点差异不要太大；

②工厂加工选择晶点少的原料，采用稳定性和相容性好的母料；

③加强加料管理，避免杂质和高熔点物质的不慎引入；

④抗氧剂缺失，需额外添加（CPE：特殊的加工工艺需要额外的加入量）；

⑤减少回料的使用比例或不加；

⑥添加外润滑剂PPA，预防熔体黏滞于模头表面。

2）设备：

①更换设计优异的连接器、模头，螺杆类型要匹配原料；

②尽量缩短连接器和流道的距离，缩短熔体停留时间；

③使用合适目数的滤网，定期检查和切换。

3）加工工艺：

①避免加工时高温，适当降低熔体温度；

②因塑化不良的需要提高温度；

③提高挤出速度，提高剪切力改善塑化，并缩短熔体在模头的停留时间；

④检查模具各端温度是否存在大偏差（CPE）。

03 PE薄膜开口性、爽滑性差怎么改善?（图1-4）

现象： 添加爽滑剂就好比是在两块玻璃之间加了一层油，可以使之很容易滑动，但是却很难分开两块玻璃。而添加开口剂就好比是用砂纸把两块玻璃表面打毛糙，就能很容易把两块玻璃分开。两者有协同作用。一般常用的开口母粒成分是硅石类（无机物）不迁移，爽滑剂成分是酰胺类（有机物）迁移。

图1-4　薄膜开口、爽滑性差

影响： 因开口、爽滑性差的问题导致膜间形成真空密合状态，使其无法打开而造成后期工序效率低。

产生的原因：

1）机理角度（图1-5）：

①薄膜闭合以后膜间形成真空密合状态，造成膜开口难；

②电晕处理后膜表面分子链上极性基团与另一面的分子

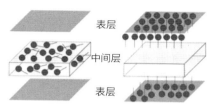

酰胺类爽滑剂爽滑原理

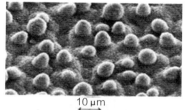

爽滑剂：低分子有机化合物，混合在聚合物中会迁移到表面形成润滑层

材料：油酸酰胺、芥酸酰胺等极性有机物

开口剂：让膜表面呈现微观的粗糙度，膜和膜接触时凹处留空隙，凸处相接触，易开口

材料：二氧化硅无机物、滑石－水合硅酸镁、沸石、石灰石等

图1-5　开口、爽滑的原理

链以及其上的极性基团之间产生吸附；

③低分子物质在薄膜表面形成黏附层，造成开口困难。

2）材料方面：

①选择的树脂原料不是吹膜级，或原料中不含开口爽滑剂或含量低；

②复合膜中爽滑剂往黏合剂方向迁移了。

3）工艺生产：

①熔融树脂温度太高、流动性太大；

②薄膜冷却不足，在牵引辊压力的作用下互相粘连；

③复合膜后期熟化工艺问题。

4）储运方面：

环境温度太高、潮湿。

解决方案:

1)原料及配方:

①选择合适的原料,额外添加开口爽滑剂;

②选择低析出的爽滑剂和添加预防快析出的抑制剂,选择合适粒径的开口剂;

③原料配方优化(无开口爽滑剂原料、高密度膜料的选择添加,膜的厚薄选择);

④复合时选择合适的胶黏剂。

2)工艺:

塑化温度不要太高。

3)存储:

改善制品存储环境,保持通风、干燥,避免高温、潮湿。

04 PE薄膜析出现象严重怎么改善?(图1-6)

现象:薄膜的析出物一般是低分子量的有机物,如添加的爽滑剂等。助剂混合在高聚物中,随着时间的延续慢慢地析出到膜表面。薄膜在正常使用中,析出是正常情况,不然就黏合在一起没有爽滑性了。但要是析出严重或者析出少的话,在后续会发生一系列的问题。故正常析出应该是长效的、稳定的析出。

影响:严重的析出问题导致在生产时人字板、导辊上附

着厚厚的一层白色粉末，膜上
形成斑点；在服装包装应用时
白粉现象会影响使用体验。析
出少会带来膜和膜之间黏合不
爽滑而导致开口性差。

图1-6　PE薄膜析出
（定径笼上有白色析出物）

产生原因：

1）原料及配方：

①添加了过多的爽滑剂；

②使用的爽滑剂类型错误；

③复合膜中不合适的黏合剂导致往黏合剂层迁移；

④农膜——流滴剂的析出太快太慢均影响流滴效果。

2）加工工艺：

①加工温度太高；

②产量太高；

③电晕处理不当；

④厚度＞6丝（1丝=0.01mm）时，适当降低爽滑剂用
量，薄膜越厚，单位面积含爽滑剂越多。

3）设备方面：

①模头上有滞留物；

②CPE——急冷辊凝结。

解决方案：

1）原料及配方：

①添加合适量和类别的爽滑剂（目前主流为芥酸酰胺类）；

②选择稳定、低析出的爽滑剂（尽量选择较大分子量的）;

③复合膜应用中选择合适的黏合剂。

2）加工工艺:

①适当降低熔体温度;

②避免超负荷;

③合适的电晕处理。

3）设备方面:

①定期检查和清理模头;

②CPE——定期清理急冷辊（加大气刀和清洁辊压力）和控制模具各端温度偏差。

05 怎么改善PE薄膜的透明性?（图1-7）

图1-7 PE薄膜透明性改善前（左）后（右）

现象：雾度指标是表征薄膜的透明性的，其高低决定透明度。在包装领域，包装物较好的透明性可以使用户直观地看清内容物，直接影响包装档次。当然个别功能性膜，不需要良好的透明性，可用于避免阳光直射灼烧，如应用于花卉的散光膜、涂覆膜等。

影响：雾度值高，透明性差，薄膜不透彻，包装内容物看不清楚，根本原因为膜的表面粗糙。

产生的原因：

1）材料方面：

①树脂本身透明性差；

②原料配方设计不当（树脂共混、成核剂等）；

③机头料使用比例过多；

④过多的开口剂和其他助剂，导致散射光增强，雾度上升；

⑤原料中有水分使薄膜产生云雾状而影响透明度；

⑥薄膜厚薄偏差大，表面粗糙。

2）工艺生产：

①熔体温度低，树脂塑化不良，造成吹膜后透明性差；

②冷却不够或不均，急冷辊温度不均（CPE）；

③吹胀比太小；

④冷凝线高低；

⑤牵引速度太快，导致薄膜冷却不足；

⑥不当的真空度（CPE）。

3）环境：

①车间环境卫生差，灰尘吸附；

②薄膜使用环境温度高。

解决方案：

1）材料及助剂：

①使用高透明的原料（尽量选择较低密度的原料）；

②原料配方优化（透明性比较：mLLDPE＞LDPE＞LLDPE＞HDPE，低分子量＞高分子量）；

③减少机头料的配比或不用；

④适量的开口剂（合成SiO_2更佳）、爽滑剂、抗静电剂；

⑤原料保持干燥；

⑥薄膜厚度均匀（标准偏差要小）。

2）工艺：

①提高熔体温度，但要注意膜泡的稳定性（破坏球晶的增大）；

②调整冷却风环，提高效率（减小晶体尺寸、晶区）；

③提高吹胀比（有利于纵横延伸，使膜的表面更平滑）；

④冷凝线不易太高（LLDPE一般为口模直径的1.5~2.5倍）；

⑤适当控制牵引速度，保持薄膜冷却充足；

⑥调整好真空度，保证膜和辊的贴合度（CPE）。

3）环境：

①确保车间整洁，最好是无尘处理；

②避免薄膜在较高的温度环境中存储和使用，易导致老化、析出等而影响透明度。

06 PE薄膜色变严重怎么改善?（图1-8）

图1-8　PE薄膜色变

现象：薄膜受空气中的氧气作用而快速老化并会产生颜色的变化，故树脂内一般都会添加一定量的抗氧剂。但是一些抗氧剂在损耗降解过程中，尤其是受到氮氧化物影响的情况下，会产生带有颜色的产物，表现出来就是薄膜变黄，甚至变红。

影响：一般表现为发黄、粉红、红色，导致产品的力学性能、光学性能下降以及使用体验降低。

产生的原因：

1）老化：

①加工时过高的熔体温度；

②使用中因环境、辐射等产生化学反应；

③有效抗氧剂含量低。

2）气熏：

①主要原因是对称受阻酚类抗氧剂在消耗时产生的醌类中间物质，醌为有色基团，表现为红色；

②酚醌可转换，在紫外线的作用下，颜色可被还原。

3）污染：

①受污染源影响，制品被污染物感染，表现为颜色不一；

②受使用环境和存储条件的影响，薄膜表面有霉变。

解决方案：

1）老化：

①改善加工工艺参数，调整加工温度、螺杆转速、螺杆剪切速率；

②按制品的应用，调整原料配方，加入一些抗氧剂、光降解剂、生物降解剂等。

2）气熏：

①改善抗氧剂体系，避免车间里氮氧化物的产生（如油用叉车尾气等）；

②薄膜下线后包裹，做好保护隔离，仓储环境做好通风、防潮、隔热等；

③电晕时产生的臭氧及时抽吸掉。

3）污染：

①维护好设备，防止设备漏油而污染制品；

②改善存储环境，避免高温、强光照射、潮湿等因素而导致霉变。

07 PE薄膜膜泡不稳定怎么处理?（图1-9）

图1-9 PE薄膜膜泡不稳定改善前后

现象：膜泡不稳定主要原因为熔体强度不够导致膜泡有摆动、颤动、翕动、拉伸共振等现象，从而导致薄膜厚薄偏差大、收卷不齐。改善熔体强度的常用方法有：增加分子量、增加长支链、改善分子量分布等。

影响：膜泡不稳定会造成薄膜厚薄不均、宽度波动、收卷不整等问题，且对薄膜后续加工使用造成严重影响。

产生的原因：

1）原料及配方的影响：

①原料不是吹膜级；

②原料质量波动大（特别是熔体流动速率）；

③配方设计不合理。

2）设备的影响：

①稳泡器安装有偏差；

②冷却风环四周温度不均匀；

③螺杆类型和原料不匹配；

④模口间隙偏差大；

⑤人字板夹角偏大。

3）工艺的影响：

①工艺温度设置不当，温度过高导致熔融树脂流动性太大，黏度过小产生波动；

②冷却风流量控制不均；

③环境干扰：外界气流的影响；挤出速度波动大；吹胀比太大。

解决方案：

1）原料及配方：

①选择合适的吹膜原料（选择熔体流动速率较低、带长支链的）；

②保持原料质量的稳定性；

③使用合适的配方：与双峰料掺混使用，掺混适量边角回料，掺入少量低熔体流动速率的 LDPE 等；

④原料掺混：保证掺混均匀性。

2）设备：

①使用稳泡器；

②风环：保证四周出风的均匀性；

③螺杆剪切：保证塑化的均匀性；

④模口间隙：保证四周的间隙相同；

⑤人字板：选用合适的人字板。

3）工艺：

①加工温度：设置合理的加工温度，过度的剪切热导致熔体温度过高；

②控制冷却风温度的均匀性；

③环境干扰：减少外界气流的影响，保持车间温度恒定；

④挤出量不稳定：保证稳定的挤出量；

⑤吹胀比太大：设置合理的吹胀比（如产品允许的话）。

08 PE薄膜表面产生"鲨鱼皮"后怎么处理？
（图1-10）

现象：有些呈条纹状与膜挤出方向垂直，有些则表现为有规则或者有间距分布的鱼鳞状花纹。

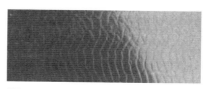

图1-10　薄膜表面产生"鲨鱼皮"

影响："鲨鱼皮"影响薄膜的光学性能、外观、品质、力学性能。

产生的原因：

1）材料方面：

①树脂熔体流动速率波动大，原料配方设计错误；

②不是吹膜级树脂。

2）生产工艺：

①挤出机温度设定不当导致塑化不良；

②熔体压力波动大。

3）设备方面：

口模有滞留物。

解决方案：

1）原料及配方：

①选择合适的、分子量分布较宽的原料，配方优化；

②添加外润滑剂PPA，使得在模头和口模表面形成涂层，降低熔体的停留时间。

2）工艺：

①提高模头温度，降低熔体的黏附；

②降低挤出速度，适当降低负荷。

3）设备：

增大口模间隙或更换大间隙口模，有效降低出口的应力。

09 PE薄膜表面产生皱褶怎么改善？（图1-11）

图1-11　PE薄膜表面产生皱褶

现象：薄膜表面产生皱褶是薄膜的横向厚度不均造成的。即便存在微小差异，累计收卷以后就比较明显。

影响：力学性能下降，下道工序（印刷、热封、制袋、复合等）生产效率降低。

产生的原因：

1）材料方面：

①树脂质量波动（新料、回料）；

②配方设计错误；

③用于复合膜的各种原料收缩率大小不一，冷却过程中产生不平衡的内应力。

2）工艺生产：

①口模间隙不均匀；

②冷却不够或四周不均；

③人字板夹角过大，使得膜在短时间内被挤压；

④口模温度分布不均导致出料不均；

⑤吹胀比太大导致膜泡不稳定、来回晃动；

⑥复合膜的复合张力控制不当。

3）设备方面：

①模头安装不水平；

②辊与辊之间不水平；

③人字架、人字板不水平；

④收卷电机速度不稳定。

解决方案：

1）原料及配方：

①选择性能稳定的原料；

②配方优化（和其他高密度膜料掺混、生产回料适量掺混）。

2）工艺：

①开机前进行口模清理，确保口模间隙均匀；

②调整冷却风环；

③人字架调节到尽量小；

④控制模头温度均匀，控制连接器的温差；

⑤控制膜泡稳定，使用定径笼，使挤出和收卷速度稳定。

3）设备：

①利用水平仪调整模头水平；

②调整牵引辊水平及两辊间平行；

③人字架、人字板调整至平行；

④确保卷绕辊水平、电机转速稳定。

10 PE薄膜热封性能差怎么改善?（图1-12）

现象：在软包装领域，热封性能主要影响热封条件、热封树脂、薄膜结构等。薄膜的热封是指二层相同或不相同塑料材料在一定时间、温度和压力下黏合在一起，从而起到密封的效果。

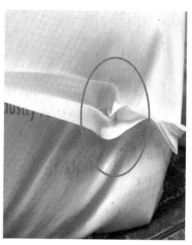

图1-12　PE薄膜热封差导致破口

影响：因热封性能、强度问题，造成薄膜袋在灌装后封口处破口，从而导致泄漏，影响使用体验，甚至污染环境。

产生的原因：

1）材料：

①树脂本身性能指标问题；

②树脂中添加了不当的助剂及加入量过多；

③过多再生料的加入导致性能降低；

④原料配方设计不当。

2）工艺：

①薄膜热封层厚度不够；

②薄膜热封层厚度偏差大；

③热封工艺（温度、压力、时间）参数不当。

3）设备：

热封机封条过于锋利或有机械飞刺，损伤热封边缘。

4）灌装物：

①粉状物灌装时（如盐、洗衣粉等时），袋内存在大量空气；

②油脂类污染封口；

③灌装物温度过高。

解决方案：

1）材料：

①热封层原料选择起封密度较低的原料来提高热封性能（密度越低，起封温度越低，对热封强度影响较小）；

②选择合适的助剂以及加入量，保持热封性和热封强度（爽滑剂影响较大，开口剂影响较小）；

③可在中间层添加MDPE/HDPE增加挺度而提高热封性；

④减少回料的使用或不用；

⑤同类产品尽量选择熔体流动速率相对高的原料；

⑥原料配方设计优化（相同密度下，茂金属聚乙烯具有更好的热封性能、更低的起封温度、更好的抗污染热封性和热黏强度）。

2）加工工艺：

①热封层厚度设计时尽量厚（蒸煮膜应用中热封层厚度一般＞6丝）；

②热封层厚薄均匀性要好；

③热封工艺参数合理（热封温度、时间、压力）。

3）设备：

①检查热封条是否锋利或有机械飞刺，避免损伤热封边缘而破口；

②热封刀压力不均衡需要调整（弹簧）。

4）灌装物：

①灌装粉状物时，消除静电的吸附，热封前，应尽量保持袋口洁净，将袋内空气排出；

②油脂类灌装时保持封口洁净；

③灌装时避免高温。

11 复合膜剥离强度差怎么改善?（图1-13）

现象： 复合膜是软包装行业中应用较广泛的薄膜类型，同时在生产过程中也面临着各种不同的问题，复合后的剥离强度差将降低产品的品质和用户的体验。

影响： 复合膜的剥离强度差将产生诸多问题，如阻隔性能、热封性能、耐酸碱等。

产生的原因：

1）材料方面：

①薄膜基材中添加剂的影响，一般在后期才表现出来（几天或一周以后）；

图1-13　复合膜剥离强度差

②稀释剂乙酸乙酯的纯度不高，其中水分或醇类等活性物质的含量偏高，消耗掉了一部分固化剂，造成黏合剂中配比失衡而导致强度下降；

③溶剂残留量太多，复合以后产生小气泡导致剥离强度差；

④油墨类型使用不当；

⑤胶黏剂类型使用不当。

2）设备的影响：

复合辊冷却水流道不畅导致温度有偏差。

3）工艺的影响：

①胶黏剂干燥不够充分，残留溶剂（乙酸乙酯）渗透到其他层，如油墨层软化、松动，甚至脱落；

②电晕效果不好；

③复合钢辊表面温度偏低；

④复合钢辊压力太低；

⑤复合膜固化（熟化）不完全；

⑥涂胶量不足而影响复合膜的黏结强度。

解决方案：

1）材料方面：

①选择合适的添加剂和适当的加入量；

②更换质量合格的稀释剂（根据应用），且配比量适当；

③改善气泡，如上胶均匀、提高烘道温度，避免选用高沸点的溶剂；

④选用和胶黏剂亲和性好的油墨；

⑤选用适当的胶黏剂类型（根据应用）。

2）设备方面：

拆清复合辊冷却水流道。

3）工艺方面：

①提高烘道的干燥温度或适当降低复合线速度，保证胶黏剂充分干燥；

②提高表面张力，务必要＞3.8×10^{-2}N/m（普遍使用达因笔测试）；

③提高复合钢辊表面温度；

④提高复合钢辊压力；

⑤提高温度或匹配固化温度和时间，优化熟化工艺（一般50~60℃48h）；

⑥适当提高涂胶量，更换网纹辊。

12 PE水渍料怎么处理?（图1-14）

现象：因雨淋、浸泡而导致的水渍料，粒子被污染。

影响：在加工时原料存在水渍、污染，势必导致制品的废品率上升（气泡、异味、晶点等），从而使工厂产生损失。

产生的原因：

1）APU造粒单元输送系统漏水；

2）PHU包装仓库喷淋系统故障；

图1-14 水渍料

3）原料运输中被雨水淋湿、浸泡等；

4）原料存储时被雨水浸泡等。

解决方案：

1）被净水污染的水渍料：风干或者晾晒后即可使用；

2）有其他污染物的水渍料：进行相应的清洗，再进行风干或者晾晒，才可使用；

3）如遇到锈水或其他污染无法清洗干净的，除水后应用于深色制品膜；

4）因外界因素，原料可能会有部分抗氧剂损耗，关注是否需要额外添加助剂等。

13 复合后产生卷曲怎么办？（图1-15）

现象：复合薄膜处在自由张力状态时，出现向某一方向卷曲。由于不同原料的薄膜结晶、冷却、内应力等因素，使复合后的膜存在一定的收缩差异导致卷曲。复合膜卷曲现象可以分为两类：一类是在复合

图1-15　铝箔复合后产生卷曲

膜下机后即可显现出来的复合膜卷曲现象；另一类是复合膜在完成熟化处理过程后所显现出来的复合膜卷曲现象。

影响：复合膜卷曲导致制袋后袋子变形，影响外观及使用体验。

产生的原因：

1）原料的方面：

①熔体流动速率波动大；

②密度波动大。

2）加工工艺：

①加工温度太高，卷绕张力大；

②冷却温度偏高，骤冷效果差；

③制品存放环境气温高，分子链运动大，回缩增大；

④干燥温度、黏合温度过高，薄膜出现伸缩现象；

⑤复合薄膜的收卷压力过大，发生卷曲；

⑥基材膜的防湿性或热塑性的差异显著；

⑦薄膜厚度不匀；

⑧熟化工艺不完善。

3）设备方面：

张力控制系统不完善。

解决方案：

1）原料及配方：

①不宜选用熔体流动速率太高的原料，且保持原料的熔体流动速率稳定；

②原料密度差异不宜太大。

2）加工工艺：

①适当降低加工温度，稳定膜的卷绕张力；

②适当降低冷却温度，改善冷却效率；

③尽量保持恒定的仓储环境温度，不宜太高；

④控制干燥温度、黏合温度，不宜太高；

⑤降低复合薄膜的收卷压力；

⑥选用厚度均匀的薄膜；

⑦优化熟化工艺（匹配温度和时间）；

⑧复合时选择好的薄膜形状；

⑨在不影响性能的情况下，降低烘箱、复合辊的温度；

⑩调整收卷压力（薄膜较硬时更易出现卷曲），并在冷却后再卷取到卷筒上，以防止由于收缩引起的收卷压力的增加（特别是复合加工受热后易伸缩的薄膜时）。

3）设备方面：

调整张力控制系统，使之能够产生各个薄膜结构最适宜的张力。

14 CPE（聚乙烯流延膜）缩颈严重怎么办？
（图1-16）

现象：流延膜生产过程中出现薄膜宽度小于模头宽度的缩幅现象。

影响：产品产量有所损失，膜的机械性能降低。

产生的原因：主要原因还是熔体强度不够。

图1-16　流延机口模

1）原料方面：

①缩颈程度的大小与树脂的特性有关（密度、熔体流动速率越高，缩颈越大）；

②配方不当，加料时混料不均，影响黏度。

2）工艺方面：

①熔体温度高；

②气刀压力不当。

3）设备方面：

定边装置不当。

解决方案：

1）原料方面：

①选用合适的树脂；

②优化原料配方，加料时混料均匀，如是LLDPE+LDPE的配方，需要增加高压原料的比例。

2）工艺方面：

①适当降低熔体温度（模头、模唇）；

②调整合适的气刀压力。

3）设备方面：

选装合适的定边装置（高压空气：适合低速和相对较厚的薄膜；高压放电：适合厚度均匀和宽模唇的薄膜），此为核心装置。

15 薄膜纵向拉力差怎么改善?（图1-17）

现象：表象为在力学性能测试时纵向屈服拉伸力小。

影响：因强度不够而导致影响使用，次品率上升。

产生的原因：

1）原料方面：

原料本身强度不够。

2）工艺方面：

①不合适的吹胀比；

②冷却效果不佳，霜线高；

③熔体温度太高；

④牵伸比不匹配。

3）设备方面：

模口间隙。

图1-17　吹塑工艺吹膜

解决方案：

1）原料方面：

选用合适的树脂原料（较低熔体流动速率的LLDPE、mLLDPE、HDPE等）。

2）工艺方面：

①采用较小的吹胀比；

②加大冷却，使得熔体快速冷却而冻结分子链的取向；

③降低熔体温度；

④调整牵伸比。

3）设备方面：

使用宽模口间隙。

二

聚乙烯中空

01 HDPE中空制品发生应力开裂怎么解决?

现象: 活性化学品存放一定时间后, 用于包装的聚乙烯中空制品会开裂泄漏(图2-1), 夏天发生概率高, 间歇性出现, 开裂位于制品相对固定的部位。出现应力开裂会引发制品泄漏。

原理: HDPE分为结晶区和无定形区, 还有交界区连接着两个区域。制品受到外力时, 应力通过长分子链传递到交界区, 使交界区的短分子链首先断裂, 进而使制品出现微小裂纹, 最终导致应力开裂。

影响因素:

1)材料: 分子量低, 共聚单体支链较短、数量少, 共聚

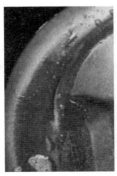

图2-1 灌装化学品的HDPE桶应力开裂泄漏

单体支链规整度低，密度过高等，均使得材料抗应力开裂能力的下降，影响制品抗应力开裂能力。

2）模具设计：制品形状过于复杂，厚薄不均，壁厚过大，制品明显凹凸不平，制品壁之间过渡角度过小等，模具冷却水道设计不合理。上述因素均使得制品抗应力开裂能力下降。

3）配件：盖子材料选型不合适、盖子选型不合适（如透气盖与非透气盖）、盖子与制品之间的配合度过紧，上述因素均使得制品抗应力开裂能力下降。

4）加工：冷却温度过低、加工速度过快、设备螺杆剪切速率过快、制品表面缺陷（如杂质）、掺混不均、骤冷、冷却不均等，上述因素均使得制品抗应力开裂能力下降。

5）储存及运输：环境温度过高、制品过分堆高、制品内压太大、制品摆放底部不平整、两层制品底部与顶部配合不好、制品摇动严重等，上述因素均使得制品抗应力开裂能力下降。

解决方案：

1）材料：选择原料时应考虑"分子量较高，共聚单体支链较长，共聚单体支链数量较多及规整度好，密度适中，分子量分布较宽"等特性的材料。

2）配方：添加LL(如LL0220、LL0209AA）有利于制品抗应力开裂能力的提高，加工流动性也有改进，但比例过高时（如＞10%）会影响制品刚性；添加中中空材料（如HD5401），有利于小中空抗应力开裂能力的同时，也不影响制品刚性，但加工流动性略有下降。用户可以根据自身情况选择使用。

3）模具设计：在满足用户使用要求的前提下，建议简化制品形状，尽量使制品厚薄均匀，制品壁厚不要过大，优化模具水道设计等。

4）配件：优化盖子材料（如选用中中空料HD5401）、选型合适盖子（如灌装易挥发化学品的应用透气盖）、盖子与制品之间的配合度要适度。

5）加工：采用缓冷，加工速度要合适，设备螺杆选型合适（如24/1~26/1），净化原料，避免制品表面缺陷，掺混均匀，冷却要均匀。

6）储存及运输：环境温度不要过高，制品堆高合适，制品摆放底部要平整，两层制品底部与顶部配合要好，稳固制品等。

02 HDPE中空制品口模膨胀不适怎么解决？

现象： 聚乙烯加工中材料通过口模时，熔体型胚尺寸会大于口模尺寸（图2-2），产生膨胀（图2-3）。不适的口模膨胀会影响加工及制品性能。

原理： 高分子材料在熔融状态下具有黏弹性，在压力作用下体积会收缩，当压力释放的时候，熔体体积就会恢复而膨胀。注塑、吹塑等加工过程均会发生口模膨胀。

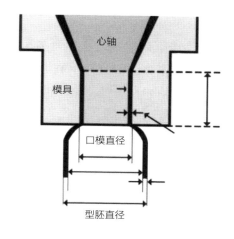

图2-2 HDPE口模膨胀原理

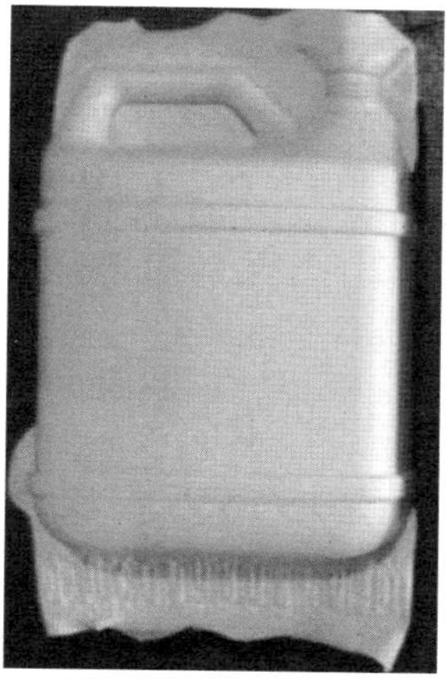

口模膨胀决定飞边大小

图2-3 制品口模膨胀产生飞边

影响：

1）带把手制品：口模膨胀太小，制品把手容易堵料；口模膨胀太大，修边困难。

2）带液位线制品：口模膨胀太大，遮挡液位线，影响使用。

3）普通小制品：口模膨胀太大，修边困难，飞边毛刺影响制品外观。

4）不稳定的口模膨胀：影响制品克重及净容量，严重时会影响制品壁厚分布从而影响制品刚性。

影响因素：

1）材料：

①通常，不同类别材料的口模膨胀有差异：如，HDPE>PP，

HDPE>LL。

②相同类别材料：熔体流动速率增加，分子量分布变窄，口模膨胀下降；Cr系催化剂产品的口模膨胀一般大于Ti系。

2）加工：温度升高，挤出速度下降，口模膨胀下降，反之亦然。

3）设备：口模尺寸可以控制最终型胚膨胀。

解决方案：口模膨胀是材料的固有特性，大与小没有好坏之分。遇到口模膨胀过大或过小，影响使用时，通常解决办法为：

1）更换口模。

2）材料选型应与口模匹配。

3）加工：

①温度：口模膨胀过大，适当升高温度；口模膨胀过小，适当降低温度。

②挤出速度：口模膨胀过大时需要降低挤出速度，反之亦然。

③添加外润滑剂（如PPA等）有利于口模膨胀下降。

03 HDPE中空制品贴标起皱怎么解决？

现象：聚乙烯瓶贴标，刚贴上去的时候正常，但过一段时间或进行灌装后，瓶上标签开始起褶皱，且随着时间的增加，瓶体上的标签褶皱越来越严重（图2-4），影响瓶子贴标外观，严重时影响标签内容识别。

图2-4　贴标起皱

原理： 市场上多数使用"薄膜类不干胶标签纸"，其构成为：外层——塑料薄膜（多数为PE），内层——普通纸张。标签纸贴到瓶子表面后，标签纸的内层（普通纸张）吸潮膨胀产生形变或瓶子热灌装后收缩形变，使得标签纸与瓶子的收缩率产生差异，导致标签起皱。

影响因素：

1）标签纸的内层（普通纸张）吸潮膨胀产生形变：不干胶标签纸在使用之前一般均用塑料袋密封，当空气湿度大时，标签纸自身的含水量与用户车间的含水量相差较大。标签纸在贴标后的一段时间里迅速吸水膨胀，而瓶子材料为HDPE，基本不会吸水膨胀，从而导致标签起褶。

2）瓶子热灌装后收缩形变：HDPE瓶热灌装后，通常液位上层有空气，当瓶子冷却后，上层空气因热胀冷缩原理产生收缩，从而使得瓶子收缩变形，但标签纸（主要为内层普通纸）热胀冷缩产生的收缩率明显低于HDPE瓶子，从而使得标签纸起皱。

解决方案：

1）标签纸的内层（普通纸张）吸潮膨胀产生形变：

①贴标前将标签纸的外包装打开，放入贴标车间一段时间以后再贴标。这样可以让标签纸充分与贴标环境的湿度平衡，在贴标后标签纸就不会因为过度吸水而导致膨胀褶皱。

②改变标签纸加工工艺，可以使用覆膜工艺来代替上光油工艺，这样可以有效地阻隔标签纸吸收外界水分，减少褶皱产生的概率。

③印刷加工的时候可以采用二次回湿的方式来增加标签纸的水分。如在标签纸加工中用加湿器在标签纸的底纸上进行加湿，以保证标签纸不会太干燥，从而减少外界湿度变化对标签纸的影响。

2）瓶子热灌装后收缩形变：

①降低灌装温度——室温。

②降低瓶子净容量，减少上层空气空间。

③更换标签纸材质：如采用PE或PE/PP等材料。

04 HDPE中空制品表面出现"鲨鱼皮"怎么解决?

现象: 中空制品加工中,因不适的加工条件,使得制品外观粗糙,类似橘子皮(也称"鲨鱼皮",图2-5),影响制品外观及印刷或贴标,严重时影响制品内在性能。

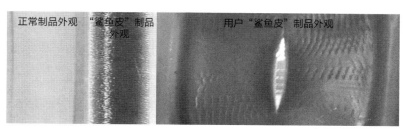

图2-5 正常制品与"鲨鱼皮"制品对比

原理: 材料在中空挤出吹瓶机中加工时,因不适的加工条件(见以下原因分析),使得材料受到过分的"高剪切",引起熔体表层产生小的裂纹(图2-6),从而使得制品表面粗

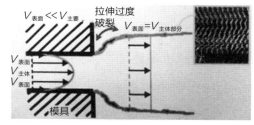

图2-6 加工中制品表面"鲨鱼皮"产生原理

糙，出现"鲨鱼皮"。

影响因素：

1）原料：分子量过高（表现为熔体流动速率过低），密度太高，分子量分布窄，均可能使得熔体表面出现"鲨鱼皮"。

2）加工：加工温度过低、挤出速度太快（为追求产量，螺杆转速太高），会使得熔体表面出现"鲨鱼皮"。

3）设备：吹瓶机螺杆长径比或压缩比太大，也会使得熔体表面出现"鲨鱼皮"。

解决方案：

1）原料：选择原料时，应综合考虑加工性能与机械性能。在满足机械性能的前提下，选择原料时应注意：原料分子量不宜太高（即熔体流动速率不要太低）、原料密度适中、分子量分布宽一些（如Cr系产品）。通常，小中空（如5L以下），可以考虑HD5502FA；中中空（如20~60L）可以考虑HD5401AA；大中空（如200L），可以考虑1158、TR571、HD5420等。

2）加工：不同规格原料加工时应选择合适的加工温度。通常，小中空（如HD5502FA）170~180℃，中中空（如HD5401AA）190~200℃；加工时，避免过高的螺杆挤出速率。

3）配方：必要时，可以考虑添加外润滑剂（如PPA）；在满足用户机械性能要求的前提下，也可以考虑掺混的办法（如HD5401AA与HD5502FA掺混）。

4）设备：避免设备螺杆长径比或压缩比过大，HDPE中空生产设备典型的螺杆长径比为24/1~26/1。

05　HDPE中空制品表面出现划痕怎么解决?

现象: 中空制品加工中, 因不适的加工条件, 使得制品表面出现纵向划痕(图2-7), 影响制品外观及印刷或贴标。

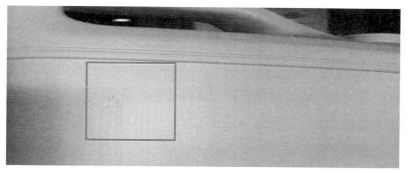

图2-7　中空制品表面有划痕

原理: 中空制品加工中, 因不适的加工条件(见以下分析), 熔体表面被刮擦, 使得制品表面出现纵向划痕。

影响因素:

1)原料:

①抗氧剂不足, 加工中材料容易降解形成焦料, 滞留在模头或口膜等流道内。

②原料中有异物杂质, 滞留在模头或口膜等流道内。

2）设备：

①挤出机与接套、机头与接套间装配不良，死角区域多，导致熔料积滞、分解，分解物料停留在流道内。

②机头流道内有划痕。

③机头加热器损坏，使得熔料在机头冷点区被牵拽，从而产生表面条纹。

3）加工：

①熔料温度太高，过热分解。

②原料切换过渡不干净。

解决方案：

1）原料：

①避免存放时间过长，必要时补充抗氧剂。

②净化原料，避免杂质进入。

2）设备：

①注意挤出机与接套、机头与接套间的装配质量，避免死角区域过多。

②机头流道内划痕严重时，需要重新修理。

③机头加热器损坏，需要重新修理。

3）加工：

①在满足要求的前提下，避免加工温度过高。

②原料切换时，必须过料干净。

③必要时，使用外润滑剂（如PPA）。

06 HDPE中空制品表面粗糙怎么解决?

现象:中空制品加工时,因不适的加工条件,使得制品表面粗糙(图2-8),影响制品外观。

原理:中空制品加工时,因不适的加工条件(见以下分析),熔体吹涨过程

图2-8 制品表面粗糙与正常对比

中出现异常,使得制品表面粗糙。

影响因素:

1)原料:原料选择不当,材料分子量太高(熔体流动速率太低),塑化不良。原料中混入杂物。

2)设备:模具表面毛糙或排气不畅。模具表面出汗(冷凝水),熔体贴边后毛糙。吹针漏气或吹针直径太小,影响吹气压力。机头流道设计不合理或表面粗糙。

3)加工:温度太低或挤出速度太快,影响材料塑化。吹塑压力太低(建议吹气压力0.5~0.8MPa),影响型胚吹涨。型

胚吹涨过程中不均衡，部分型胚先贴模吹不开，使得制品表面毛糙。

解决方案：

1）原料：选择合适原料。通常用熔体流动速率（简称MI）来表征，小中空（≤5L）MI=0.2~0.3g/10min，2.16kg；中中空（20~60L）MI≈9g/10min，21.6kg；避免杂物混入。

2）设备：避免模具表面过分毛糙，清理模具排气孔（喷砂或腐蚀）；空气湿度大时，应适当升高模具温度（不低于室温即可），避免模具表面出汗。选择合适的吹针（直径合适）；检查吹针，避免漏气。检查机头流道，表面过分粗糙时，应及时修理。

3）加工：针对不同材料选择合适的加工温度及速度，保证材料充分塑化。确保吹涨时有足够的吹气压力。注意型胚吹涨过程中各部位的均衡性，避免部分型胚先贴模吹不开。

07 HDPE中空制品加工中发黄怎么解决？

现象： 聚乙烯中空制品加工时，因不适的加工条件，使得制品发黄（图2-9），影响制品外观，严重时，影响制品后期使用性能。

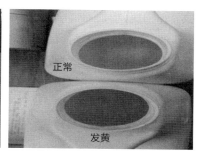

图2-9 发黄制品与正常制品对比

原理：中空制品加工时，因原料质量及不适的加工条件，熔体经历高温剪切等过程后，白色指数下降严重，最终制品发黄。

影响因素：

1）原料：质量稳定性欠佳，加工时，原料质量稳定性不够，使得制品白色指数下降较大。存放时间过长或存放温度过高，内部抗氧剂消耗过度。

2）设备：吹瓶机长径比过大（如>26/1）或压缩比过大，原料受到过度塑化。设备内死角区域大，材料在设备内停留时间过长。设备漏油，润滑油高温老化后发黄。

3）加工：温度太高，剪切过度，原料中抗氧剂消耗过度。机头料回用比例太高。机头料回用次数太多。添加剂（如色母，掺混色粉时的白油等）质量欠佳，加工中质量不稳定。

解决方案：

1）原料：改善原料质量，优化添加剂配方体系，提高原料在加工中的质量稳定性。改善原料存放环境，避免高温及太阳直射等，减少原料存放时间。

2）设备：选择HDPE合适的吹瓶机，避免螺杆长径比与压缩比过大。及时更新设备，淘汰使用时间很长的老吹瓶机。检查设备润滑油系统，避免设备漏油。

3）加工：优化加工参数（温度、速度等）。典型加工温度为：小中空170~180℃，中中空180~200℃，适当塑化原料，避免过度。机头料回用比例合适：如<20%，避免比例太高或不稳定。减少机头料回用次数，通常不要超过2~3次。优化添加剂质量，避免选用劣质添加剂。

08 HDPE中空制品使用中吸扁怎么解决？

现象： 聚乙烯中空制品使用中，因不适的使用环境，使得制品产生收缩变形（图2-10），影响包装制品的使用性能。

图2-10　中空制品使用中吸扁

原理：中空容器使用中，因不适的使用环境（见以下分析），容器内出现负压，使得制品收缩变形。

影响因素：

1）热灌装：部分食品（如牛奶、黄酒等）、化学品（如农药、氢氟酸等），或因杀菌、工艺要求等原因，采用热灌装，然后马上盖盖子，容器中液面以上空气温度下降后容器产生热胀冷缩，使得制品收缩变形。

2）渗透：乳油类农药（杀虫剂，溶剂为有机溶剂）对HDPE等塑料具有渗透性，该类化学品需要阻隔容器包装。因选择包装不合适或容器阻隔性差等原因，使得内装液渗透过多，容器内部出现负压，造成容器收缩变形。

3）化学反应：部分化学品灌装后，会与容器上层空气中氧气发生化学反应，使得容器内部产生负压，使得容器容易收缩变形。

解决方案：

1）在满足要求的前提下，尽量缩小容器容积，减少液体上层空气体积，降低空气热胀冷缩产生的负压收缩的概率。

2）提高容器刚性：增加克重；均匀制品壁厚；优化模具，添加容器加强筋；选择密度较高的原料；加强吹塑时的冷却等。

3）热灌装类包装：灌装后延迟盖盖时间，尽量待内装液温度下降后再盖盖子；必要时，采用透气盖。

4）渗透类包装：选择合适包装容器，如乳油类农药，不能采用普通HDPE桶，必须采用阻隔包装；提高容器的阻隔质量，如选用质量好的阻隔材料、选择合适的工艺等。

5）容易与氧气发生化学反应的化学品包装：条件允许时，灌装时用氮气吹扫容器上层；必要时，容器加装透气孔。

09 HDPE中空制品加工中出现凝胶怎么解决？

现象： 聚乙烯中空制品加工时，因原料或不适的加工环境，使得制品出现凝胶，表现为制品表面出现异常"凸起或凹坑"（图2-11），影响制品外观，严重时影响制品使用性能（如泄漏、开裂）。

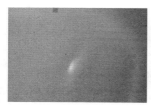

图2-11　制品出现凝胶

原理： 中空制品加工中，因原料或不适的加工工艺，吹涨过程中，熔体局部出现拉伸不一致（或没有拉伸），使得制品表面局部出现异常的"凹凸"。

影响因素：

1）原料：

①不稳定的生产工艺（如聚合反应时局部过热，催化剂残留过高，抗氧剂不足等）。

②杂质（如黑点、杂物）。

2）仓储：环境温度过高或阳光直射；存放时间过长；上述原因使得原料中抗氧剂消耗过度。

3）运输：混合运输或不同种类材料交叉运输，没有清理干净，引起原料包装袋的杂物夹带，客户使用时加料混入。

4）加工：

①加工温度过低，塑化不良，使得原料中较高分子量部分塑化不良。

②加工温度过高，剪切过度，引发材料降解后交联。

③添加剂粒径过大，形成晶核，引发熔体冷却时快速冷却结晶，吹涨时与周边正常熔体出现拉伸不一致（或没有拉伸）。

④加工设备开停车频繁，停车后刚启动时，容易形成凝胶。

5）设备：

①吹瓶机长径比或压缩比过大，材料在加工中过度塑化分解后交联。

②设备死角区域较多，材料在设备中停留时间过长。

解决方案：

1）原料：

①改进原料产品质量（供应商改进）。

②净化原料。

2）仓储：避免环境温度过高或阳光直射；缩短存放时间。

3）运输：避免杂物夹带。

4）加工：

①选择合适的加工温度，避免温度过低塑化不良或温度过高引发原料分解交联。

②控制添加剂粒径。

③减少开停车，停车前采用保护措施，如添加外润滑剂、添加抗氧剂等；开车后过料充分。

④适当添加加工助剂，如PPA、抗氧剂等。

5）设备：

①选用合适的吹瓶机。

②及时更新设备，淘汰老设备。

10 HDPE中空制品合模线开裂怎么解决？

现象：中空制品加工中，因不适的加工条件，使得制品合模线开裂（图2-12），引发制品泄漏开裂，影响制品加工及使用。

原理：因不适的加工工艺（原料、参数、设备等），中空包装制品底部合模线太薄或焊接质量差，影响包装制品的合模线处强度，使得包装制品容易跌落开裂。

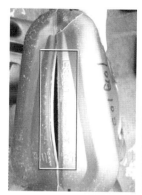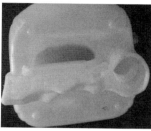

图2-12　制品合模线开裂

影响因素：

1）制品底部合模线薄弱开裂，"V"字形缺口严重，严重时，直接开裂：

①原料：分子量高，双峰且密度太高时，加工时容易引起温度过高，熔体强度下降过快。

②加工：温度过高，模具合模时速度太快，没有预吹。

③设备：模具剪刀口角度太小，刀口太快；单刀口。

2）制品底部合模线厚度可以（"V"字形缺口不严重），但跌落时制品合模线容易开裂：

①原料：杂质过多；添加剂（如色母）颗粒粒径过大；无机添加剂表面没有处理好；原料中析出物多。

②设备：模具合模力不足。

③加工：塑化不好；型胚悬挂时间过长，黏合时，型胚

温度过低；配方中析出物过多。

解决方案：

1）制品底部合模线薄弱开裂：

①原料：选择合适的原料，一般来讲，小中空料较中中空料生产制品底部合模线接得更好；Cr系产品较双峰且密度高产品，生产制品底部合模线接得更好。

②加工：在满足要求的前提下，降低加工温度，减缓模具合模时速度，增加预吹。

③设备：钝化模具剪刀；双刀口；必要时添加加强筋。

2）制品底部合模线厚度可以（"V"字形缺口不严重），但跌落时制品合模线处容易开裂：

①原料：净化原料；选择优质的添加剂；避免原料中析出物过多。

②设备：加大模具合模力。

③加工：选择合适温度；缩短型胚悬挂时间，提升型胚黏合温度；避免配方中添加剂析出物过多。

11 HDPE中空制品使用中堆码变形倒塌怎么解决？

现象： 聚乙烯中空制品灌装后存放或运输过程中，容器堆码变形，严重时发生坍塌，影响存放或运输（图2-13）。坍塌时可能会发生泄漏，内容物污染环境，影响使用。

图2-13 中空制品桶使用中变形倒塌

影响因素：

1）原料：

①密度低。

②熔体流动速率过高也会影响制品刚性。

2）加工：

①制品克重低。

②制品壁厚分布不好，如上下分布、环向分布等。

③加工温度过高。

④产量过高，生产周期过短，模具冷却不好。

⑤配方不合适，如掺混LLDPE、mLLDPE比例过高等。

⑥容器收缩率太大，堆码时容器之间咬合不佳。

3）设备：模具设计不合理，如超出公称容积太多、模具无加强筋等。

4）环境（运输与存放条件差）：

①堆放过高。

②环境温度过高。

③散装。

④堆码时，底部不平整或不稳固。

⑤运输时，晃动严重。

解决方案：

1）原料：

①选择密度较高的原料，推荐密度（非退火）：951~953g/cm³。

②选择熔体流动速率合适的原料，推荐：小中空，MI=0.2~0.3g/10min，2.16kg；中中空，MI=9~10g/10min，21.6kg。

2）加工：

①避免制品克重过低，典型克重：25L——1.5kg，1L农药瓶（PE）——90g，1L阻隔瓶——110g。

②控制好制品壁厚分布（上下及环向）。

③在满足要求的前提下，尽量降低加工温度，如小中空160~170℃，中中空180~190℃。

④加强冷却，避免生产周期过短影响冷却；可以考虑采用模后二次冷却。

⑤避免LLDPE和mLLDPE添加过度。

⑥控制制品收缩率，确保堆码时容器之间咬合匹配。

3）设备：

①控制模具尺寸，使得实际容积与公称容积尽量接近（5%~10%）。

②模具考虑加强筋。

4）环境：

①避免堆放过高。

②避免环境温度过高。

③避免散装，用收缩膜将制品与托盘单元化包装，以加强整体稳固度。

④堆码时，保证底部平整或稳固。

⑤运输时，避免晃动严重。

12 HDPE 中空制品生产中出现析出物怎么解决?

现象：聚乙烯中空制品生产时，模具表面及口模处析出物多（图2-14），影响吹瓶时排气，影响制品质量和生产。

结论：

1）析出物主要成分：低分子量（低熔点）化学品和无机物。

图2-14 聚乙烯加工中出现的析出物

2）结合用户实际使用情况，析出物主要为色母（钛白粉）分解产生。

影响因素:

1)原料(色母):

①耐高温加工性能差,分解后附着在设备上。

②基料选择欠佳,与主料掺混后相容性差。

2)加工:

①加工温度过高,剪切速率过大。

②掺混不均匀。

③机头料回用次数过多。

④设备:上料机选型欠佳。

⑤料斗震动太大,色母与基料分层。

3)环境:

①色母存放时间过长。

②色母存放环境温度过高。

解决方案:

1)原料(色母):

①选择质量好的色母,主要考虑高温抗老化性能。

②色母基料应与使用原料匹配以改善相容性。

2)加工:

①避免加工温度过高、剪切速率过大。

②掺混充分。

③控制机头料回用次数(如不超过3次)。

④设备:最好选用弹簧式上料机,避免料斗震动太大。

3)环境:

①避免色母存放时间过长。

②避免色母存放环境温度过高。

13 HDPE中空制品使用中变色怎么解决?

现象: 聚乙烯中空制品在使用时，制品表面出现变色，严重时，制品出现变形，影响制品外观和制品正常使用（如堆码），见图2-15。

图2-15 中空桶使用后变色、变形

结论: 灌装化学品腐蚀性强，造成制品变色；灌装后桶内产生负压，使得制品发生形变。

影响因素:

1）原料：耐腐蚀性差，表现为抗氧化能力不足。

2）辅料（色母）：色母耐腐蚀性差，表现为抗氧化能力不足。

3）加工：

①加工环境苛刻，过高的温度及剪切速率，材料（含辅

料）中抗氧剂被过度消耗。

②机头料回用次数过多。

③工艺及配方设计不合理。

4）使用：不当的使用，如高温热灌装。

5）设备：不当的设备，加工时材料（含辅料）中抗氧剂被过度消耗。

解决方案：

1）原料：尽量缩短存放周期，选择耐腐蚀性强的原料。

2）辅料（如色母）：尽量缩短存放周期，选择耐腐蚀性强的色母（表现为价格不能太低）。可能的话，尽量选用无机色母。

3）加工：

①选择合适的加工条件（温度、速度）。

②减少机头料回用次数，尽量使用全新料。

③有针对性优化工艺及配方，如多层结构，有针对性地补充添加剂。

4）使用：避免不当使用，如避免高温热灌装。

5）设备：选择合适的吹瓶机，如长径比为25的吹瓶机。

14 HDPE中空制品出现异常气味怎么解决？

现象： 聚乙烯中空制品在加工中，因不适的加工条件及使用环境，使得制品出现异常气味，影响客户灌装使用。

原理：因不适的加工工艺（原辅料、参数、设备等）、不适的存放及使用环境，中空包装制品中出现易挥发刺激性气体，影响包装制品感官及使用。

影响因素：

1）原料：

①共聚单体：C_4、C_6；

②添加剂：抗氧剂、爽滑剂等，加入量；

③生产：脱气（挥发分）；

④生产工艺：气相、淤浆。

2）过程：包装、存放、运输等环节被污染。

3）加工：

①添加剂：如色母等；

②温度过高、机头料回用次数过多；

③高温盖盖；

④吹塑气体污染；

⑤异物混入。

解决方案：

1）原料：

①选用密度高的原料；

②优化添加剂（抗氧剂、爽滑剂等），包括选择供应商和加入量等；

③生产时脱气充分。

2）过程：防止原料在包装、存放、运输等环节被污染，观察外包装是否被污染。

3）加工：

①优化色母；

②在符合要求的前提下尽量降低加工温度，减少机头料回用次数；

③避免高温盖盖；

④避免吹塑气体污染；

⑤避免异物混入。

15 HDPE中空制品出现黑点怎么解决？

现象：中空制品在加工中，因不适的加工条件（如原辅料、参数、设备等），使得制品表面出现黑点（图2-16），影响制品外观；严重的话，影响灌装使用（如后期使用中可能的泄漏）。

原理：因不适的加工工艺（原辅料、参数、设备等），中空制品生

图2-16 中空表面黑点

产中材料降解后结焦，或加工中引入杂质，使得制品表面出

现黑点，影响包装制品外观。

影响因素：

1）原料：

①低分子量的多；

②耐高温性差，容易降解；

③掺混使用时，不同物料分子量大小差异过大。

2）过程：包装、存放、运输等环节被污染。

3）加工：

①添加剂：如色母等，杂质多，高温后降解；

②温度过高、机头料回用次数过多；

③设备：死角多、物料出料不顺，容易回流；

④吹塑气体污染；

⑤异物混入。

解决方案：

1）原料：

①选用分子量大小合适的材料；

②改善材料耐高温性，必要时，补充抗氧剂；

③掺混使用时，选用分子量接近的材料。

2）过程：避免包装、存放、运输等环节被污染。

3）加工：

①添加剂：如色母等，选用正规供应商，向供应商明确加工条件，特别是温度；

②在满足要求的前提下，降低加工温度，避免机头料回

用次数过多；

③及时更新及维修设备：避免因死角多过、物料出料不顺而造成的材料降解；

④净化吹塑气体；

⑤避免异物混入。

16 HDPE管材制品使用中环刚度低怎么解决？

现象：HDPE管材制品在加工、使用中，制品环刚度不足，管材埋地后容易变形，严重时管材发生开裂泄漏坍塌，影响使用。

原理：

管材施工地埋压力分布如图2-17所示。垂直作用的荷载使管道发生变形

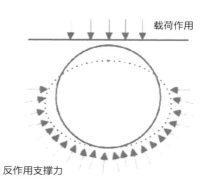

图2-17 管材施工地埋压力分布图

时，管道周围土壤有水平支撑作用，在管壁内产生压缩应力和弯曲应力。管道变形越大，侧土压力对管道反作用力越大，在某一阶段会达到垂直和水平土壤压力的平衡状态。理想状态下，在管土共同作用下，管材自身承受承载力占15%~20%。

但施工不佳，土地松动时，管材自身环刚度作用上升。

影响因素：

1）原料：

①密度低，弯曲模量低。

②熔体流动速率过高也会影响制品刚性。

2）加工：

①制品克重低，壁厚较薄。

②制品壁厚分布不好，如纵向分布、环向分布等。

③加工温度过高。

④产量过高、生产周期过短，冷却不好。

⑤配方不合适，如掺混LLDPE、mLLDPE比例过高等。

⑥加强筋不明显。

3）设备：模具设计不合理，如无加强筋或位置不正确等。

4）环境（施工与使用条件差）：

①施工不佳（如土地间隙大、松动、密实度不均匀、施工材料差异性大等）。

②长期水浸泡。

③长期重物堆压。

④使用时频繁出现较大温差。

解决方案：

1）原料：

①选择密度较高的原料，推荐密度（非退火）：0.951~0.953g/cm^3。

②选择熔体流动速率合适的原料，推荐：中中空，MI=9~10g/10min，21.6kg；大中空 MI=2g/10min，21.6kg。

2）加工：

①避免制品克重过低，保持必要壁厚。

②控制好制品壁厚分布（纵横向）。

③在满足要求的前提下，尽量降低加工温度。

④加强冷却，避免生产周期过短影响冷却。

⑤避免 LLDPE 与 mLLDPE 添加过度。

⑥加强筋饱满。

3）设备：加强筋设置合理。

4）环境：

①正确施工（如土地密实、均匀，施工材料均匀等）。

②避免长期水浸泡。

③避免长期重物堆压。

④避免使用时频繁出现较大温差。

聚丙烯无纺布

01 PP无纺布色变如何处理?（图3-1）

现象： 无纺布生产企业生产的本色无纺布制品在储存一段时间后会出现表面色变如发红、发黄、发黑等现象，通常出现在成卷无纺布的外圈或者横截面部位。

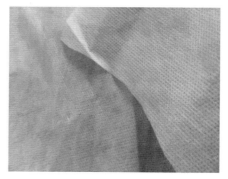

图3-1 无纺布色变

影响： 同本色无纺布制品相比，变色的制品影响外观，严重的甚至可导致制品性能下降而无法使用。

问题： 白色或本色无纺布制品在外界条件如光、热、物质的作用下，出现的表面变色的现象。

PP无纺布色变原因：

1）发红现象：

①原料因素：PP粒料本身或添加剂中含有酚类的抗氧剂，这些抗氧剂会与环境空气中的氮氧化物产生化学反应而致变红。

②助剂因素：亲水剂、柔顺剂、消光剂品质比较差。

③工艺因素：生产时高温加工、电子束表面处理过度。

④环境因素：仓储时臭氧氛围、紫外线照射（如过多灭蚊灯等）、叉车尾气污染造成环境空气中氮氧化物富集。

根本原因是原料或配方中使用了含对称受阻酚的抗氧剂与空气中氮氧化物发生可逆反应导致变红。

2）发黄现象：

①原料因素：使用的PP粒料本身抗氧剂含量较低或使用了未添加抗氧剂的粉料加工。

②工艺或设备因素：使用粒料生产时高温加工/强剪切速率造成抗氧剂的快速消耗；使用粉料生产时未额外添加抗氧剂。

3）发黑现象：主要受环境影响，如仓储环境潮湿产生霉变导致布面发黑。

改善方案：

1）对于发红现象：

①对于使用纯树脂的原料，尽量使用非对称受阻酚抗氧剂体系的纤维专用料；对于柔软类应用，添加弹性体时可使用新一代抗气褪的产品；生产中可额外添加抗气褪的抗氧剂。

②使用品质好的消光剂、柔顺剂等助剂。

③避免使用过高的加工温度，合理控制电子束的能量。

④合理控制仓库中易引起氮氧化物富集的因素如臭氧（例如车间或仓库中高能紫外线灯具等）、车辆尾气（叉车、运输车）等，保持仓储环境通风、干燥、阴凉。

2）对于发黄现象：

①尽量避免过高的加工温度或者过强的螺杆剪切速率，

生产时可额外添加一定量的抗氧剂，对于粉料，原料出厂后需尽快使用，防止粉料快速降解。

②仓储过程中避免光照、受热，对于户外应用可添加抗UV剂。

3）对于发黑现象：保持仓储环境干燥，避免微生物污染。

02 PP塑化剂是何物质？

现象：无纺布生产企业下游客户要求制品不得含有塑化剂成分，明确要求原料必须使用非邻苯类的催化剂体系生产。

影响：人们对聚丙烯产品的绿色清洁性要求越来越高，由塑化剂引发的消费者对安全健康的担忧十分普遍。

来源：聚丙烯聚合催化剂中用于调节PP等规度的内给电子体，如DIBP、DINP等。

行业现状：

1）目前全球绝大部分聚丙烯生产都是用第四代Z-N催化剂，以邻苯二甲酸酯类（PAEs）作为内给电子体调节PP等规度，其中PAEs属于塑化剂范畴。

2）第五代催化剂以二醚和琥珀酸酯类作为内给电子体，其中纤维料通常以二醚类为内给电子体，属于非塑化剂催化剂体系。

3）中国石化北京化工研究院开发的BCND、HR系列聚丙烯催化剂，以二醇酯类为内给电子体，属于非塑化剂催化剂体系。

4）第六代催化剂以陶氏化学开发的Consista C601为代表，针对Unipol PP工艺，属于非邻苯二甲酸酯类系催化剂，全球范围内应用厂家有限。

行业需求：

随着塑化剂引发的消费者对安全的担忧，人们对聚丙烯产品的清洁性要求越来越高，特别是欧盟在2015年强制全面禁止邻苯二甲酸二酯类化合物，以邻苯二甲酸二酯类化合物为内给电子体的催化剂将逐步遭到淘汰，被琥珀酸酯、二醇酯、二醚等无害的化合物作为内给电子体的催化剂所取代。

03 PP无纺布气味如何改善?

1）现象：无纺布生产厂家的无纺布制品，包括下游工厂以无纺布为原料加工成的制品，在嗅觉上存在异味问题。

2）影响：影响客户感官，特别是对气味要求较高的医疗及卫材应用客户；引起消费者担忧"致嗅物质对于人体健康的危害"。

3）问题：无纺布制品存在异味引起消费者关于健康的担

忧，影响客户体验，限制了其在高端领域的应用。

PP 无纺布气味原因：

1）原料方面：PP 粒料本身、PP 高温降解产物、残留过氧化物降解剂、过氧化物降解剂降解产物。

2）添加剂方面：色母粒、亲水母粒 / 亲水剂、爽滑母粒、阻燃剂、各类填料等。

3）设备方面：在线亲水处理单元、气流抽吸单元。

4）工艺方面：加工温度高、螺杆剪切速率强。

5）环境方面：加工车间温度偏高且通风不良、空气中异味被吸附（焦味、焊接味、尾气等）、非独立储料仓库、紫外线消毒过度、成品快速进行封闭包装、原料到产品的生产周期短等。

改善方案：

1）原料：对于原料生产厂家，选择合适的过氧化物种类及添加体流动速率，提高基料融体流动速率，选择合适的掺混温度，延长掺混时间，降低挥发分含量，挤出机添加真空抽提单元；对于下游客户，优先选用低气味的原料，尽量保证原料先进先出。

2）配方：选择对气味影响较低的添加剂，添加消味剂。

3）工艺：适宜的加工温度、物料停留时间不宜过久。

4）设备：合适的亲水处理工艺（亲水剂含量、烘干温度和速度），增加气体抽吸装置。

5）环境：在生产流程中，选择合适的车间温度，加强通风、减少环境空气中的异味，选择合适的紫外线处理工艺；

储存流程中，使用独立的储存仓库并保持空气流通，生产出的无纺布不要立刻封闭包装，延长制品周转时间；设备占地空间不要过于密集。

04 PP纺粘断丝怎么办?

现象：断丝是纺粘法非织造布生产中最常见的一个问题，大多表现为漏滴和牵伸断丝，会严重地影响生产的正常进行和产品的质量。

影响：漏滴导致铺网局部不均、铺网帘堵塞、布面有洞或不匀、抽吸风不匀、影响热轧等；牵伸断丝影响生产，导致纤网严重不匀。

定义：

1）漏滴：通常在喷丝孔处发生丝的断裂，断丝处聚集一大团熔融态的熔体，在重力作用下滴落。

2）牵伸断丝：在纺丝过程中，经常会出现纤维粗细不匀的情况。如果丝条不够均匀，拉伸时在丝条局部会产生应力集中而导致断裂，断裂点通常出现在喷丝板附近。

PP纺粘断丝原因：

1）原料因素：熔体流动速率波动较大、分子量分布过宽、灰分高、等规度低等。

2）配方因素：高分子降解添加剂母粒（俗称降温母料）添加量、色母粒、柔软母粒、阻燃剂、回料比例大等。

3）设备因素：喷丝孔的设计、温度控制的精度、计量控制的精度、过滤器精度、牵伸通道等都对断丝有影响。

4）工艺因素：熔体温度、纺丝箱体压力、抽吸风量、牵伸风速度、侧吹风温度及速度等控制不当。

改善方案：

1）原料方面：使用熔体流动速率稳定性高、分子量分布窄、灰分低、等规度高的产品。

2）配方方面：使用品质好的色母粒、柔软母粒、阻燃剂并合理控制添加量，严格控制降温母粒的含量以及回料的添加比例。

3）设备方面：使用设计合理、控制精度高的设备，保持喷丝孔和喷丝板的清洁、无损伤，注意过滤网的目数及更换频率等。

4）工艺方面：设置合理的加工温度及箱体压力，注意冷却风的风温与风速要与泵送速度和牵伸速度相匹配。

05 PP无纺布要怎样达到柔软？（图3-2）

现象：对于婴儿纸尿裤、卫生巾、口罩等医疗和卫材应

用以及其他有柔软需求的应用
领域来说，用户希望聚丙烯原
料在保持强度的同时还具有柔
软性。

影响：医疗及卫材类无纺
布高端应用需求量日益增大，
对柔软性的要求成为必然。

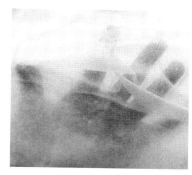

图3-2　无纺布

标准及方法：目前国家标
准与行业标准均未对该指标有明确规定，无纺布生产企业通
常采用根据GB/T 8942《纸柔软度的测定法》的有关规定设
计而成的柔软度测试仪进行柔软度测试，考察指标有刚度、
硬挺度、平滑度等。

PP无纺布柔软性影响因素：

1）原料因素：通用型原料强度高，高克重的制品发硬。

2）配方因素：添加碳酸钙等填料，掺混较低熔体流动速
率的纤维料，弹性体或爽滑母粒添加比例不当等。

3）设备因素：部分国产设备控制精度较差，布的纵横向
拉力比差异大，热轧机质量不好等。

4）工艺因素：克重控制、单纤细度、热轧效果（轧点形
状、热融合面积等）等。

改善方案：

1）原料及配方的改进：

①开发柔软专用料（引入其他单体）或使用多组分纤维。

②掺混一定比例的丙烯基弹性体或爽滑母粒。

③掺混低等规度的聚丙烯。

2）设备及工艺参数的改进：

①使用先进的进口设备如莱芬豪瑟生产线、考斯特热轧机等。

②在满足强度要求的前提下适当地降低产品克重。

③降低单纤细度。

④优化热轧工艺如压力、温度、时间等以及使用合适的刻花辊（轧点形状）。

3）纺熔复合：采用多头纺熔复合工艺，在多层纺粘层 S 中添加熔喷层 M。

06 PP无纺布拉力低怎么办？（图3-3）

现象：断裂强度和断裂伸长率是下游厂家关注 PP 无纺布的主要的两个强度指标，反映了无纺布制品纵向/横向的拉力大小，在同等条件下，两者此消彼长，不仅与单纤性能相关，还和成网结构密

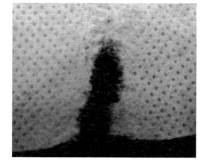

图3-3　PP无纺布拉力低导致开裂

切相关。

影响： 拉力低会使得下游客户在使用过程中易出现拉断、破裂等现象，且影响手感。

定义： 依据 GB/T 24218.18—2014《纺织品 非织造布试验方法 第18部分：断裂强力和断裂伸长率的测定》对无纺布的拉力进行表征，分为纵向（MD）和横向（TD）。

PP无纺布拉力影响因素：

1）原料：原料本身的拉力就低，其分子量分布较宽、熔体流动速率较低、等规度较低。

2）配方：不当使用降温母粒、柔软母粒、弹性体、色母、共混料、填料等，使得单纤的强度下降，进而使得无纺布的拉力降低。

3）设备：设备的精度（温控、风量、速度等）较差，如纺丝过程中单纤牵伸未能充分取向拉伸、铺网过程中摆丝方式影响黏合效果、纵横向拉力比差异大等；热轧花辊的轧点形状不当使得布面黏合面积小而强度低。

4）工艺：纺丝温度、冷却速度、牵伸速度不当使得单丝取向度低而强度低，热轧温度低使得黏合点少引起纤维间滑移，热轧压力低使得黏合点牢度不足。

5）布面设计：克重偏低，布面不均，多层复合，熔喷复合。

改善方案：

1）原料：使用高熔体流动速率、窄分布、高等规度、高强度的原料。

2）配方：合理使用降温母粒、弹性体、柔软母粒，选择好的色母、填料，选择合适的共混料。

3）设备：选用先进的设备或对老设备进行及时改造，能够纺出更细的丝束；选择精度控制高的热轧设备，能够使布面有效黏合。

4）工艺：合理控制纺丝温度、冷却速度、牵伸速度，能够使单纤充分取向拉伸；合理控制热轧温度和压力，能够使布面有效黏合（适当的黏合面积和黏合牢度）。

5）布面设计：克重不宜过低，布面要均匀，采用多层S复合工艺使得成网致密。

07 PP无纺布布面不均如何解决？（图3-4）

现象：纺粘无纺布布面不均在外观上主要表现为布边偏薄、布面云斑和布面并丝等方面。

影响：在性能上使得无纺布制品强度下降，延伸率降低，影响下游客户使用。

定义：无纺布布面均匀性的

图3-4　PP无纺布布面不均

综合指标通常用重量不匀率，即变异系数（CV）来表示，其行业标准是$CV<7\%$。

PP无纺布布面不均外观表现：

1）布边偏薄：喷丝板有效长度小于纤网幅宽，布面两端较中间部分偏薄；一般情况下两端分切掉无影响，但对于薄型或超薄型制品，两端太薄易造成翻网、缠辊、烂边等现象，影响生产稳定运行。

2）布面云斑：气流铺网或多或少都会存在云斑现象，属于正常状态，但如果云斑变大变深，纤维之间粘连缠绕现象加重，布面均匀性变差。

3）布面并丝：单丝合并成丝束固结在布面，对于薄型制品尤其明显。

PP无纺布布面不均影响因素：

无纺布布面均匀性取决于长丝在纤维中的分布情况，主要受牵伸和铺网影响较大。

1）工艺方面：

①模头各区温度存在偏差：高厚低薄（模头的温度越高，熔体的流动性越好，因此对应温度高的加热区位置的纤网就偏厚，而对应温度低的加热区位置的纤网就偏薄）。

②侧吹风金属网使用时间过长变脏：透风不匀。

③补风口进风不均匀：宽薄窄厚（补风口宽的位置上纤网会变薄，而补风口窄的位置上纤网会变厚）。

④网面吸风波动大：网上或网下局部密封不好。

2）原料及配方方面：

①原料可纺性不好，单纤粗细不均。

②配方设计不合理，纺丝不稳定。

3）设备方面：

组件设计不科学，精度控制差，运行稳定性差。

改善方案：

1）优化喷丝板设计：喷丝孔孔径、数目、长径比、单孔挤出量、孔间距等。

2）优化牵伸系统：丝的线密度越小，纺丝成网质量越均匀。合理调节牵伸风速与泵送速度、熔体温度、气流的冷却速度、冷却压力和吸风速度，降低单纤细度。

3）确保牵伸风和扩散风系统的协调控制：冷却牵伸和分丝成网。

4）使用可纺性好的原料，尤其对于薄型产品；合理设计配方，避免纺丝出现波动。

5）尽量使用先进的生产设备，运行稳定性高，避免频繁开停机，定期清理喷丝板。

6）使用多层复合技术如S（纺粘层）S（纺粘层）、S（纺粘层）M（熔喷层）S（纺粘层）等。

聚丙烯注塑

01 PP注塑制品应力发白怎么处理?（图4-1）

现象： 制品在应力作用下产生大量银纹，银纹区内折射率降低而呈现一片银白色。

影响： 影响制品外观。若应力发白区域较大，则会影响制品的韧性和强度。

图4-1　PP注塑制品应力发白

PP注塑制品应力发白影响因素：

1）模具对应力发白的影响：

①避免厚度急剧变化。

②避免熔体流向急剧变化。

③倒角尽量使用圆形，避免直角。

2）工艺对应力发白的影响：

①注塑压力：注塑压力太大，造成模腔压力过大；脱模时，易出现应力发白。

②注塑速度：注塑压力和注塑速度相辅相成。

③加工温度：加工温度过低，容易出现流动性不够的问题，需要更大的注塑压力。

④保压：过度保压时，容易出现应力发白。

⑤冷却时间：冷却时间不足，会出现应力发白。

3）原料及配方对应力发白的影响：

①原料的流动性：流动性差的原料，导致模腔压力增大，可出现应力发白。

②客户采用的制品配方直接影响应力发白。

改善方案

1）工艺的改进：

①适当降低注塑压力、注塑速度。

②适当降低保压。

③适当提高加工温度。

④适当延长冷却时间。

2）原料及配方的改进：

①选用流动性更好的原料。

②适当掺混HDPE、LLDPE、弹性体等。

③适当使用外部润滑剂。

④抗冲PP可掺混适量均聚PP。

3）模具的改善：改善容易产生应力集中部位的设计。

02 PP注塑制品抗冲性能差怎么改善？

现象：抗冲性能是评价或判断注塑制品的抗冲击能力

（脆性、韧性程度）的指标，直接影响制品的使用。

影响：抗冲性能差的制品，在使用过程中易出现碎裂等问题，可影响最终成品的外观、使用寿命，严重的会造成盛装物泄漏。

PP注塑制品抗冲性能的影响因素：

1）原料对PP抗冲性能的影响因素：

①不同类型PP的抗冲性能：嵌段共聚PP＞无规共聚PP＞均聚PP。

②不同熔体流动速率PP的抗冲性能：熔体流动速率越大，抗冲性能越差。

③乙烯含量、橡胶相含量、橡胶相分布、橡胶相形态、熔体流动速率等，都对抗冲性能有直接影响。与乙烯含量、橡胶相含量、橡胶相的均匀分布成正比，橡胶相的形态对低温和常温抗冲性能的影响不同。熔体流动速率与抗冲性能成反比。

2）配方对抗冲性能的影响因素：填料的多少、增韧剂的种类和添加量、回料的添加量、色母的相容性、是否被污染都对抗冲性能有着明显的影响。

3）加工对抗冲性能的影响因素：

①原料的塑化程度对抗冲性能有着明显的影响，未充分塑化或过度塑化均会造成抗冲性能下降，制品脆裂。

②模具温度过低，制品快速冷却，内部结构易产生缺陷，造成制品易脆裂。

4）模具设计对抗冲性能的影响因素：

①注塑制件过薄、某些部位过渡不合理，易造成制品脆裂。

②熔接线与模具设计有直接关系，其牢固程度可通过模具设计、加工工艺得到改善。

改善方案：

1）原料及配方：

①选择合适的原料（熔体流动速率、聚合类型）：根据制品的要求，选择合适流动性的原料，且抗冲性能满足要求。

②添加适量的增韧剂或者与抗冲性能好的原料共混使用：可与 HDPE、LLDPE 或者抗冲性能好的 PP 原料共混，也可添加弹性体等改善抗冲性能。

③减少填料、回料的用量。

④选择相容性好的色母。

⑤检查各个环节，排除原料被污染的可能。

2）工艺：

①设置合适的加工温度：塑化充分且不过度。

②适当提高模具温度，减少制品内部缺陷。

③设置适当的注射速度和压力。

④设置适当的保压压力。

3）模具：

①根据开裂部位，改善模具结构（减少尖锐的转角、减少合模线的数量）。

②设置合理的浇口位置，改善熔接线的强度。

03 PP注塑制品开裂怎么处理?（图4-2）

现象: 制品在脱模或者装配的过程中，表面出现明显裂纹等。

影响: PP注塑制品开裂可造成次品率高、无法组装、组装后制品无法使用等。

PP注塑制品开裂影响因素: 通常是抗冲性能不足、

图4-2　PP注塑制品开裂

熔接线不牢固或者制品内部存在应力造成的。

1）PP抗冲性能影响因素，见"02 PP注塑制品抗冲性能差怎么改善"。

2）加工对抗冲性能的影响因素:

①原料的塑化程度对抗冲性能有着明显的影响，未充分塑化或过度塑化均会造成抗冲性能下降，制品脆裂。

②模具温度过低，制品快速冷却，内部结构易产生缺陷，造成制品易脆裂。

3）模具设计对抗冲性能的影响因素:

①注塑制件过薄、某些部位过渡不合理，易造成制品脆裂。

②熔接线与模具设计有直接关系，其牢固程度可通过模具设计、加工工艺得到改善。

4）应力开裂影响因素：

①模内应力：原料流动性、注塑压力、注射速度、保压压力、模具温度等，均对制品内是否存在应力有明显影响。

②脱模后的应力：制品组装与脱模后的时间过短；制品尺寸与组装件不匹配，在组装过程中出现应力。

改善方案：

1）原料及配方：

①选择合适的原料（熔体流动速率、聚合物类型）。

②添加适量的增韧剂。

③减少填料、回料的使用。

④选择相容性好的色母。

⑤检查各个环节，排除原料被污染的可能性。

2）工艺：

①设置合适的加工温度。

②适当提高模具温度，减少制品内部缺陷。

③设置适当的注射速度和压力。

④设置适当的保压压力。

⑤模具顶出的速度。

3）模具：

①根据开裂部位，改善模具结构（减少尖锐的转角、减少合模线的数量）、设置合理的浇口位置。

②顶出的角度设置合理。

04 PP注塑制品翘曲变形怎么处理?（图4-3）

现象：注塑制品的形状偏离了模具形腔的形状，与想要的形状有明显的偏差。

影响：影响制品外观、影响制品的组装。

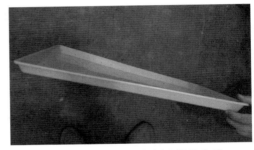

图4-3　PP注塑制品翘曲变形

PP注塑制品翘曲变形原因：

1）原因：产品收缩，不同区域的收缩不一致、平行及垂直方向的收缩不一致。PP是半结晶性聚合物。制品在成型过程中，沿熔料流动方向上的分子取向大于垂直流动方向上的分子取向，充模结束后，被取向的分子形态总是力图恢复原有的卷曲状态，导致制品在此方向上的长度缩短。因此，制品沿熔料流动方向上的收缩也就大于垂直流动方向上的收缩。两个方向上的收缩不均衡，制品必然产生翘曲变形。

2）原料及配方对翘曲变形的影响：

①原料的流动性：流动性好的原料，有利于模腔压力减

四 聚丙烯注塑 | 089

小，减少内应力的产生，有利于改善翘曲变形。

②添加成核剂：有利于加快模具内的冷却，减少后变形。

3）工艺及模具对翘曲变形的影响：

①注塑压力：注塑压力太大，造成模腔压力过大；脱模后，易出现翘曲变形。

②注塑速度：注塑压力和注塑速度相辅相成。

③加工温度：加工温度过低，容易出现流动性不够的问题，需要更大的注塑压力。

④保压：过度保压，容易出现翘曲变形。

⑤冷却：模具的冷却系统设计不合理或模具温度控制不当，塑件冷却不足，都会引起制品翘曲变形。特别是当制品壁厚的厚薄差异较大时，由于制品各部分的冷却收缩不一致，塑件特别容易翘曲。

改善方案：

1）工艺的改进：

①适当降低模具温度：模具温度太高或冷却不足。

②适当降低模具温度或延长冷却时间。

③对于细长或者表面积比较大的制品，可采取胎具固定后冷却的方法。

④适当降低保压。

⑤适当提高加工温度。

2）原料及配方的改进：

①选用流动性更好的原料。

②适当使用外部润滑剂。

③添加成核剂，可改善翘曲变形。

3）模具的改善：

①浇口位置：应针对具体情况，选择合理的浇口形式。一般情况下，可采用多点式浇口。

②改善模具的冷却系统，保证制品冷却均匀。

05 PP注塑制品尺寸不稳定怎么处理？

现象： 制品尺寸有变化，大小不一。

影响： 影响制品的装配、密封性等。

PP注塑制品尺寸稳定性影响因素：

1）制品尺寸不稳定主要是收缩引起的，而收缩通常是PP结晶造成的，其次是取向引起的收缩。生产及制品所需要的，是保证稳定的收缩率：

①PP是半结晶性聚合物，结晶造成收缩情况的存在，决定收缩率大小的主要是结晶度。

②注塑制品收缩率可分为模内收缩和模后收缩。

2）对收缩率的影响因素大致分为原料及配方、模具、工艺参数等：

①原料：流动性好的原料，原料中添加成核剂有利于制

品尺寸的稳定。

②模具：浇口的位置、形状、大小，影响取向；冷却流道的设计影响冷却；制品结构。

③工艺参数：加工温度、保压压力、保压时间、注射压力、注射速度、冷却温度、冷却时间等，对制品尺寸稳定性都有影响，其中以保压影响更为明显。

a. 保压：对收缩率的影响至关重要。

b. 加工温度：加工温度高，有利于制品填充；但同时需提高锁模功率、延长制品的冷却周期，导致生产率下降；在保证制品质量的情况下，尽量使用低温模塑。

c. 注射压力：保证充分的注射时间可使制品收缩率减小。

改善方案：

1）原料及配方：

①选择熔体流动速率高的原料。

②选用合适的产品配方。

2）模具：设计合适的浇口位置、形状、大小等。

3）工艺参数：

①适当增加保压压力。

②适当增加保压时间。

③适当降低加工温度。

④适当增加注射压力（速度）。

⑤适当降低模具温度。

⑥适当增加冷却时间。

06 PP注塑制品透明性差怎么处理?

现象:制品雾度较高,看起来不透明,通常用雾度指标(图4-4)反映。

影响:影响制品的感官。

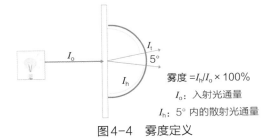

$$雾度 = I_h/I_o \times 100\%$$

I_o:入射光通量

I_h:5°内的散射光通量

图4-4 雾度定义

PP注塑制品透明性影响因素:

PP是半结晶性聚合物,聚合类型、催化剂、晶型、结晶度、添加剂、配方等对透明性都有明显的影响:

①聚合类型:无规共聚可提高PP的透明性,共聚单体对透明性有影响。

②添加剂:α成核剂可以明显提高透明性;抗静电剂的添加量高不利于制品透明性的提高。

③配方:第四代成核剂与其他非第四代成核剂的透明PP混用,透明性下降,同时也不建议第四代成核剂PP与未添加成核剂的PP混用。

工艺的影响:

①加工温度:在满足加工的条件下,加工温度越低,球

晶尺寸越小，透明性更好。

②冷却温度：冷却温度越低，会使结晶度降低，透明性也会更好。

③降低注射速度，可以在一定程度上提高其透明性。

改善方案：

1）原料：选择合适种类的原料。

2）添加剂：添加透明成核剂，控制添加剂（如抗静电剂等）的添加量等。

加工工艺：

①加工温度：在保证顺利加工的条件下，加工温度尽量低。

②冷却温度：低的冷却温度可提高透明性。

③注射速度：在不影响制品性能和外观的条件下，降低注射速度，可以在一定程度上提高其透明性。

07 怎么改善PP注塑制品的光泽度？

现象：光泽度（图4-5）是光从特定角度照射到制品表面后，可反射光所占的比例，反映制品的表面性能。

影响：聚丙烯制品的光泽度与其结晶行为、配方、模具设计、加工工艺等直接相关。光泽度不良的制品，影响制品的外观和档次。

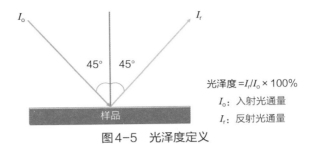

图4-5　光泽度定义

PP注塑制品光泽度影响因素：

1）原料及配方：

①聚丙烯是半结晶性聚合物，结晶区、无定形区、球晶尺寸等，都影响最终制品的光泽度。

②不同类型的聚丙烯其光泽度也有差异，通常情况下无规PP＞均聚PP＞嵌段共聚PP。

③原料的指标：熔体流动速率高，利于光泽度的提高；等规度越高，光泽度越好；分子量分布窄的，光泽度更好。

2）配方：

①添加成核剂、润滑剂有利于提高制品的光泽度。

②通过与光泽度更好、相容性好的料共混，也可提高光泽度。

③色母的选择，也需注意分散性和相容性，以及是否耐高温等。

④回料的使用，不利于制品的光泽度，应控制回料的添加比例。

3）模具：

①模具表面有伤痕、微孔等表面缺陷，制品表面会产生光泽不良。

②型腔表面有油污、水分、过量脱模剂，制品表面会发暗。

③模具温度过高或者过低，都会导致制品表面质量问题，从而影响光泽度。相对来说，模具温度低有利于光泽度的提高。

④模具的设计：厚度突变、筋条过厚以及浇口、流道界面太小或突变，熔料易呈湍流态流动，此外，模具排气不良等，都会导致表面光泽不良。

4）加工工艺：

①通常情况下适当的加工温度、注塑压力和注塑速度，有利于熔体流动性的提高，可改善制品表面质量，从而提高光泽度，有利于制品表面的完善；但若浇口附近光泽度差，则应适当提高加工温度。

②适当提高保压压力，可让表面更平整，从而提高制品的光泽度。

改善方案：

1）原料及配方：

①选择合适的原料。

②适当添加助剂：光泽剂、成核剂、润滑剂。

③共混物：选择合适的共混物。

2）模具：

①抛光模具。

②改善排气。

3）工艺：

①适当提高加工温度。

②合适的模具温度。

③适当提高注射速度、注射压力。

08 如何改善PP注塑制品熔接痕处的强度和外观？

现象：熔融PP在型腔中遇到嵌件、孔洞、流速不连贯的区域或充模料流中断的区域时，多股熔体的汇合（图4-6）。

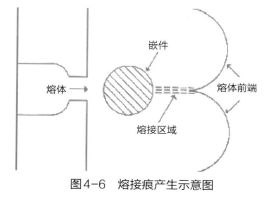

图4-6　熔接痕产生示意图

影响：不仅使得制品的外观质量受到影响，而且使塑件的力学性能，如冲击强度、拉伸强度、断裂伸长率等，受到不同程度的影响。此外，熔接痕还影响制品寿命。

PP注塑制品熔接痕影响因素：

1）原料：

流动性差的原料，熔接痕更为明显。

2）加工温度太低：

①低温熔体的分流汇合性能较差，容易形成熔接痕。如果塑件的内外表面在同一部位产生熔接细纹时，往往是由于料温太低引起的熔接不良。对此，可适当提高料筒及喷嘴温度或者延长注射周期，促使料温上升。同时，应节制模具内冷却水的通过量，适当提高模具温度。

②如果由于特殊需要，必须采用低温成型工艺时，可适当提高注射速度及增加注射压力，从而改善熔料的汇合性能。也可在原料配方中适当增用少量润滑剂，提高熔料的流动性能。

3）模具排气不良：

当熔体的熔接线与模具的合模线或嵌缝重合时，模腔内多股流料赶压的空气能从合模缝隙或嵌缝处排出。但当熔接线与合模线或嵌缝不重合，且排气孔设置不当时，模腔内被流料赶压的残留空气便无法排出，气泡在高压下被强力挤压，体积渐渐变小，最终被压缩成一点。由于被压缩的空气的分子动能在高压下转变为热能，因而导致熔料汇料点处的温度升高，当其温度等于或略高于原料的分解温度时，熔接点处便出现黄点，当其温度远高于原料的分解温度时，熔接点处便出现黑点。

4）脱模剂使用不当：

在注射成型中，一般只在螺纹等不易脱模的部位才均匀地涂用少量脱模剂，原则上应尽量减少脱模剂的用量。

5）塑件结构设计不合理：

薄壁件成型时，由于熔体固化太快，容易产生缺陷，而且熔体在充模过程中总是在薄壁处汇合形成熔接痕，一旦薄壁处产生熔接痕，就会导致塑件的强度降低，影响使用性能。因此，在设计塑件形体结构时，应确保塑件的最薄部位必须大于成型时允许的最小壁厚。此外，应尽量减少嵌件的使用且壁厚尽可能趋于一致。

6）模具结构不合理：

尽量采用分流少的浇口形式并合理选择浇口位置，尽量避免充模速率不一致及充模料流中断。在可能的条件下，应选用一点式浇口，因为这种浇口不产生多股料流，熔料不会从两个方向汇合，容易避免熔接痕。

7）合理设置浇口位置，加大浇口截面：

在模具上产生飞边的部位开一很浅的小沟槽，将塑件上的熔接痕转移到附加的飞边小翼上，待塑件成型后再将小翼除去。

改善方案：

1）原料：

选择流动性好的原料。

2）模具：

①浇口：适当加大浇口，设置合理的浇口位置。

②排气：加强排气。

③结构设计：尽量减少孔状、嵌件等流动障碍。

④流道的设计：合理设计注塑流道、冷却流道。

⑤在熔接痕的位置设置小沟槽。

3）工艺：

①加工温度：适当提高加工温度。

②注射速度：适当提高注射速度。

③注射压力：适当提高注射压力。

④模温：适当提高模温，尤其是熔接痕处的模温。

4）其他：

减少脱模剂的使用。

09 怎么处理PP注塑制品的流痕？（图4-7）

现象：流痕是围绕进浇口附近出现的波浪状或者年轮状的表面印迹。

影响：使得制品表面的色泽、纹理以及反光程度不

图4-7　PP注塑制品流痕图示

一致，影响制品的外观。同时，也可能是制品内部结构缺陷造成的，有可能造成制品机械性能下降。

PP注塑制品流痕影响因素：

1）原料及配方的影响：

①原料流动性差会导致熔体在模具中的流动较为困难，与模具接触的熔体冷却后，较易形成流痕。

②所选配方与制品需要的流动性不匹配，导致制品有流痕。

2）模具：

①浇口：浇口太小，浇口位置不合适，造成流动性降低，从而形成流痕。

②排气：排气不畅，影响流动性。

③结构设计：以圆角设计过渡的部分，尽量减少孔状等流动障碍，可改善熔体在模具中的流动性。

④流道的设计：合理设计注塑流道和冷却流道，改善熔体流动性。

3）工艺：

①加工温度：较高的加工温度，利于流动性的提高。

②注射速度：温度高时，注射速度快，因熔体不稳定会造成流痕；温度低时，注射速度慢，因流动性差而造成流痕。

③注射压力：注塑压力和速度相互影响，压力高则速度快，压力低则速度慢。

④保压：适当提高保压压力，可明显改善由于收缩不均匀而造成的表面流痕。

⑤模温：适当提高模温，可改善熔体的流动性，有利于减少流痕。

改善方案：

1）原料及配方：

①选择流动性好的原料。

②适当添加润滑剂。

2）模具：

①适当加大浇口，合理设置浇口位置。

②加强排气。

③过渡的部分，以圆角设计，尽量减少孔状等流动障碍。

④合理设计注塑流道冷却流道。

3）工艺：

①适当提高加工温度。

②适当的注射速度，采用多级注射。

③适当的注射压力。

④适当提高保压压力。

⑤适当提高模温。

10 PP注塑制品缩痕怎么处理?（图4-8）

现象：由于浇口封口后或者缺料注射引起的局部内收缩造成的。

影响：影响制品外观、制品的机械性能等。

图4-8　PP注塑制品缩痕

PP注塑制品缩痕影响因素：

1）原料方面：

①流动性太差：流动性不足，不易填充，易产生缩痕。

②适当的外部润滑剂：增加流动性。

2）工艺条件：

①注射速度不宜过快，加工温度不宜过高。

②保压：保压压力不够，保压时间不够。

③嵌件处温度过低或者供料不足。

④供料不足：料填充不足。

⑤模具温度过高：脱模后的冷却结晶造成缩痕。

3）模具：

①浇口太小或者堵塞，浇口位置不当。

②流道截面小：充模阻力大。

③模具排气不良。

4）制品结构设置不合理：壁厚差别太大，造成厚壁部位由于压力不足，成型后，容易产生凹陷及缩痕。

改善方案：

1）原料及配方：

①选择合适的原料：注意原料的流动性及收缩率。

②可添加适量的外部润滑剂。

2）模具：

①适当扩大浇口，合理设置浇口位置。

②流道截面太小。

③浇口位置合适。

3）工艺参数：

①注射压力（速度）：适当降低注射压力（速度）。

②保压：适当增加保压压力，延长保压时间。

③加工温度：设置合适的加工温度。

④模具温度太高：适当降低模具温度。

⑤嵌件温度低：提高嵌件的温度。

⑥供料不足：增加供料量。

11　PP注塑制品飞边怎么处理？（图4-9）

现象：又称溢料、溢边等，大多发生在模具分合位置上，如模具的分界面、滑块的滑配部位、镶件的缝隙、顶杆的孔隙等处。

影响：飞边不及时解决，问题会进一步扩大，压印模具形成局部塌陷，最终可能

图4-9　PP注塑制品飞边

造成模具永久性的损害。飞边还会使制品卡在模具上，影响脱模。

PP注塑制品飞边影响因素：

1）原料及配方：

①选择合适流动性的PP，熔体流动速率太高，可能产生飞边。

②外部润滑剂使得流动性过好，造成飞边。

2）工艺参数设置不当（高温熔体的熔体黏度小，流动性能好，熔料能流入模具内很小的缝隙中产生溢料飞边）：

①加工温度偏高：适当降低螺杆温度、喷嘴及模具温度。

②注射压力（速度）过高：适当降低注射压力（速度）。

③过度保压：适当降低保压压力（速度）、保压时间。

④射胶量过大。

3）模具有缺陷：

①分型面是否密着贴合。

②分型面上有无黏附物或落入异物。

③模板的开距有无按模具厚度调节到正确位置。

4）注塑机锁模力不足：

注射压力大于合模力使模具分型面密合不良时容易产生溢料飞边。经验公式：锁模力（T）= 锁模力常数K_p × 产品投影面积S（cm^2）或者锁模力（T）=350（bar）× $S(cm^2)$/1000。当计算值大于机器锁模力时，考虑降低注射压力或减小注料口截面积，也可缩短保压及增压时间，减小注射行程，或考虑减少型腔数及改用合模吨位大的注塑机。

改善方案：

1）原料及配方：

①选择合适流动性的原料。

②减少外部润滑剂的使用。

2）工艺的改进：

①适当降低加工温度：螺杆、喷嘴、模具温度。

②适当降低注塑压力、速度。

③适当降低保压压力。

④适当缩短成型周期：缩短保压时间、注射时间。

⑤适当减少射胶量。

3）模具的改善：

①改善分型面的贴合性。

②调整模板的开距。

4）选择合适锁模力的机器：

根据所需的锁模力调整模具、工艺条件。

12　PP注塑制品气孔怎么处理?（图4-10）

现象：制品内有小"气泡"。

影响：影响制品外观，影响制品的强度。

PP注塑制品气孔影响因素：

1）收缩孔，通常出现在制品壁较厚的位置，如加强筋或柱位与面交接处；因为制品表面已冷却，内部熔体如果在模具内冷却不充分、补缩不足，就会出现收缩孔。收缩孔的影响因素通常有以下几个方面：

图4-10　PP注塑制品气孔

①原料及添加剂：流动性好的原料，可降低加工温度，且有利于熔体的补缩。

②加工温度：加工温度高，模内冷却不充分，后冷却后，壁厚的位置易出现收缩孔；需适当降低加工温度。

③注射速度：注射速度过快，易造成补缩不足。

④保压压力及时间：压力或时间不足时，会造成补缩不足。

⑤模具温度：偏高时，会造成后收缩大，易产生收缩孔。

⑥流道及浇口：流道及浇口过小，易造成压力损失过大，浇口凝固过早，补缩不足。

⑦制品局部壁厚：局部壁厚过大，易造成壁厚位置冷却慢，后冷却时，易出现缩孔。模具设计时，壁厚转换尽量不要太突兀。

2）气泡，通常是熔体中有空气、水分及挥发性气体等造成的，分布较为随机：

①原料：受潮，熔融后，熔体中裹有气体。

②料筒温度：过高时，原料降解，使得熔体中有分解气体。

③背压：背压较小时，使料筒中的气体未在螺杆段排出。

④螺杆尺寸：螺杆尺寸较小时，可能造成过度剪切，使

原料降解。

改善方案：

1）收缩孔：

①选择流动性好的原料。

②适当降低加工温度。

③适当降低注射速度。

④适当增加保压压力、保压时间。

⑤适当降低模具温度。

⑥适当增加流道、浇口尺寸。

⑦制品壁厚设计合理。

2）气泡：

①干燥原料。

②适当降低加工温度。

③适当增加背压。

④选择合适的设备。

五

通用性能

01 什么是熔体流动速率?

熔体流动速率（Melt Flow Rate，简称MFR），也称为熔融指数（Melt Index，简称MI）是粗略衡量聚烯烃分子量大小的参数，也是衡量聚烯烃强度的参数。一般来讲，MFR低，表示材料分子量高，材料综合强度（刚性和韧性）较好；MFR高，表示材料分子量低，材料综合强度相对较低。

MFR高的材料，其分子量较低，加工中容易挤出，制品生产中产量可以较高；MFR低的材料，其分子量较高，分子链长，螺杆挤出难度增加，不容易挤出，制品生产产量会降低。

聚烯烃材料MFR测试简易图如图5-1所示。

如图5-1所示，MFR是在一系列标准条件下的测试结果，主要是在标准的温度、砝码、口模直径条件下进行测试得到的，单位为g/10min。当材料分子量很高时，分子链很长，分子链之间缠绕较多，从

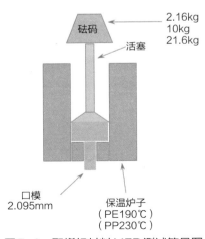

图5-1 聚烯烃材料MFR测试简易图

口模处不易流出，MFR值就低，材料强度会高；当材料分子量很低时，分子链很短，分子链之间缠绕较少，从口模处容易流出，MFR值就高，材料强度会低。

目前PE/PP原料中，LDPE、LLDPE、PP各种牌号的MFR均为在2.16kg砝码条件下的测试数据，HDPE的注塑、中空、管材料牌号有2.16kg、5.0kg、10.0kg、21.6kg等各种砝码的测试数据。当两个牌号的MFR数据，一个是2.0g/10min（2.16kg），另一个是2.5g/10min（21.6kg）时，看似相差不多，实际上两种原料差别巨大，前者是机械强度不高的原料，后者是很硬的、机械强度很高的原料，加工条件差别很大。

市场上在售聚烯烃牌号的LDPE、LLDPE膜料的MFR，测试条件都是在2.16kg砝码条件下的，材料是比较软的，较好加工；HDPE的注塑料的MFR大多也是在2.16kg条件下的测试数据，材料流动性也是比较好的；HDPE的膜料、中空料、管道料，等等，大多是5kg、10kg、21.6kg各种测试条件都有的。

MFR和材料性能的关系如图5-2所示。

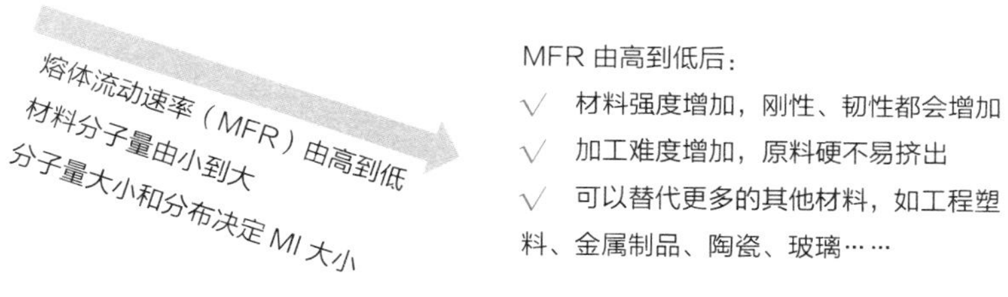

熔体流动速率（MFR）由高到低
材料分子量由小到大
分子量大小和分布决定MI大小

MFR由高到低后：

√ 材料强度增加，刚性、韧性都会增加
√ 加工难度增加，原料硬不易挤出
√ 可以替代更多的其他材料，如工程塑料、金属制品、陶瓷、玻璃……

图5-2 熔体流动速率和材料性能的关系

02 聚乙烯密度是如何测得的？这个指标和材料性能关系如何？

答：聚丙烯材料包括均聚、无规共聚、抗冲共聚树脂，密度均为 $0.900g/cm^3$，各牌号之间没有区别。只有聚乙烯 LLDPE、HDPE、LDPE，这些树脂的密度有区别，密度范围基本在 $0.920\sim0.970g/cm^3$ 之间，因微小的密度差异，制品的外观、手感、透明性、刚性、抗冲性等性能不同。

精确测试聚乙烯密度的实验室环境、仪器等要求是很高的，实验室在恒温恒湿条件下，采用梯度管法才可以将聚乙烯密度测试正确，参见图5-3。

聚乙烯材料加热熔化成熔体时，分子呈无定形状态，冷却固化后，部分分子呈结晶态，如图5-4所示，这个结晶态的分子的多少对密度是有影响的，并且影响制品的性能，比如透明性、光泽度、手感等。加工温度的高低和制品冷却速度的快慢可以影响这个密度，从而影响制品的性能。

密度和材料性能的关系，如图5-5所示。

标准浮子
试样
刻度
醇－水混合溶液
片材
梯度管

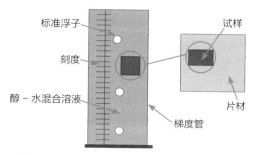

图5-3　聚乙烯梯度管法密度测试示意图

熔融的 PE
结晶过程
固体 PE
无定形分子
结晶分子

图5-4　无定形分子和结晶分子

密度由高到低
结晶度和冷却速率
决定了材料的密度
密度由高到低：
√　材料刚性下降
√　拉伸屈服强度下降
√　抗冲击性提高
√　透明性提高
√　耐应力开裂性能提升
√　容易加工成制品

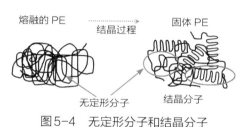

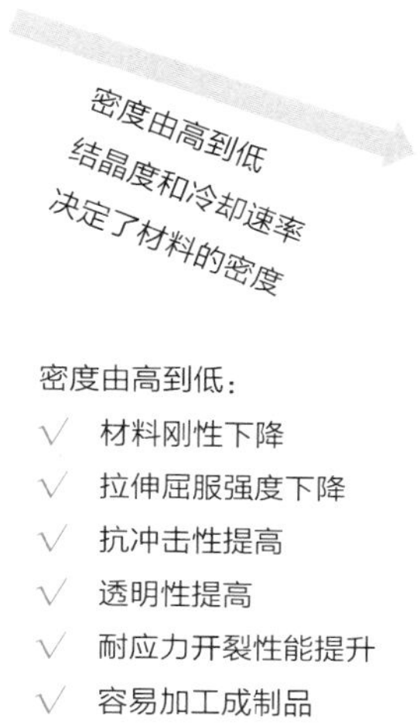

图5-5　密度和材料性能的关系

03 聚烯烃的刚、韧性是怎么回事？

玻璃很硬，掉在地上会碎，说明玻璃很刚，但是无韧性。汽车轮胎比较软，但是不硬，说明轮胎刚性不好，韧性很好。PE/PP 聚烯烃性能是介于玻璃和轮胎这些材料中间的材料，兼具刚性和韧性，表面上用手感觉软硬适中，呈半透明状态。另外，熔融状态下的聚烯烃材料具有很好的延展性。正是具备了这样的性能，聚烯烃材料可以广泛替代纸张、木材、陶瓷、玻璃等材料，制作成我们生活、工业中的各种终端应用器材，如软 / 硬包装、中空桶（瓶）、注塑料（盒子、盆等各种容器）、管材、建筑用材等。

刚性由弯曲模量来表示，韧性由抗冲性能来表示。普通聚乙烯 / 聚丙烯刚性可以为几百兆帕到2000MPa左右，韧性大致为2~100kJ/cm^2。

聚丙烯均聚（PPH）、无规共聚（PPR）、抗冲共聚（PPB），这些产品性能总的来说依次为：刚性越来越低、韧性越来越好。聚乙烯材料则根据它的密度，一般密度高则其刚性好，密度低则其刚性差一些。聚乙烯的韧性普遍比较好，也比聚丙烯好。

在现实加工应用中，为了调节制品的刚、韧性，根据各个原料牌号的性能，可以掺混使用。

04 聚烯烃加工温度如何选择？

聚烯烃的加工温度总的来说和材料的熔点有关，典型加工温度是熔点温度加60℃，在这个温度点附近加工都可以。譬如LLDPE熔点温度为123℃，加工的适宜温度为180℃左右，聚丙烯均聚料熔点为160℃，加工的适宜温度为220℃左右。

　　加工温度低，材料流动性变差，熔体变厚，熔体强度高，生产速度慢。加工温度高，熔体变薄，熔体强度低，材料流动性好，生产速度快。一般来说，聚烯烃加工温度不要超过300℃，过高的加工温度会让材料产生降解，制品性能大大下降。另外，设置合适的加工温度和生产速度才可以得到比较完美的制品性能。